COURS

DE

MATHÉMATIQUES

À L'USAGE DE

L'INGÉNIEUR CIVIL,

PAR J. ADHÉMAR.

———

APPLICATIONS
DE GÉOMÉTRIE DESCRIPTIVE.

———

COUPE DES PIERRES.

CINQUIÈME ÉDITION, REVUE ET AUGMENTÉE.

———

PARIS.

VICTOR DALMONT, Libraire, quai des Augustins, 49.
MALLET-BACHELIER, quai des Augustins, 55.
MATHIAS, quai Malaquais, 15.
L. HACHETTE, rue Pierre-Sarrazin, 14.

1856

Paris. — Imprimé par E. THUNOT et Cⁱᵉ, rue Racine, près de l'Odéon.

4090

COURS
DE
MATHÉMATIQUES
A L'USAGE DE
L'INGÉNIEUR CIVIL,

PAR J. ADHÉMAR.

APPLICATIONS
DE GÉOMÉTRIE DESCRIPTIVE.

COUPE DES PIERRES.

CINQUIÈME ÉDITION, REVUE ET AUGMENTÉE.

PARIS.
VICTOR DALMONT, Libraire, quai des Augustins, 49.
MALLET-BACHELIER, quai des Augustins, 55.
MATHIAS, quai Malaquais, 15.
L. HACHETTE, rue Pierre-Sarrazin, 14.

1856
1853

Paris. — Imprimé par E. THUNOT et Cie, rue Racine, près de l'Odéon.

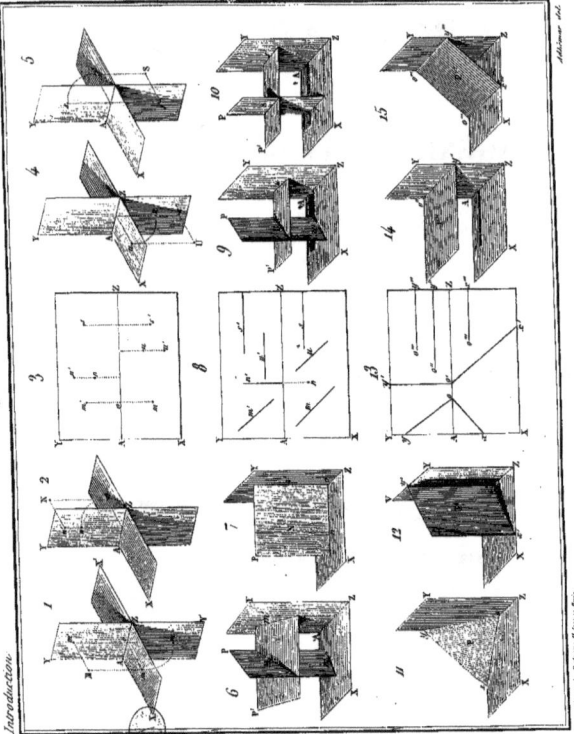

Pl. 1.

Projections

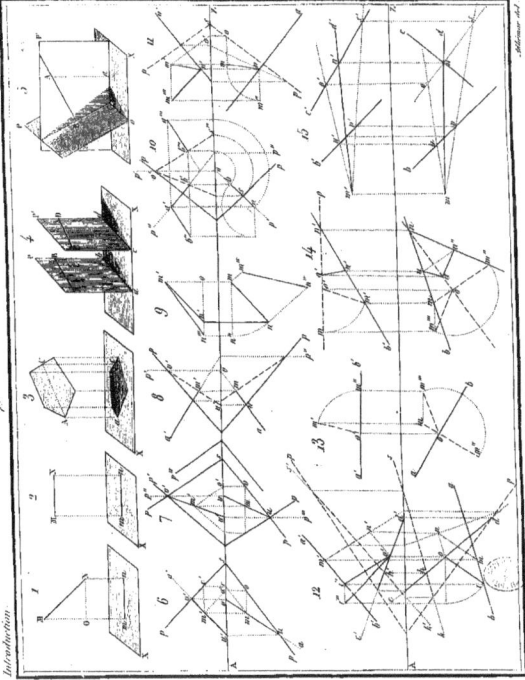

Pl. 3

Pl. 3

Angles des droites et des plans

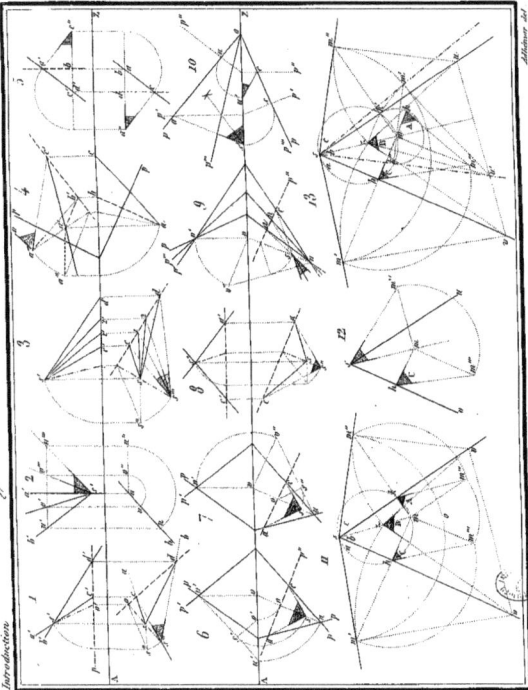

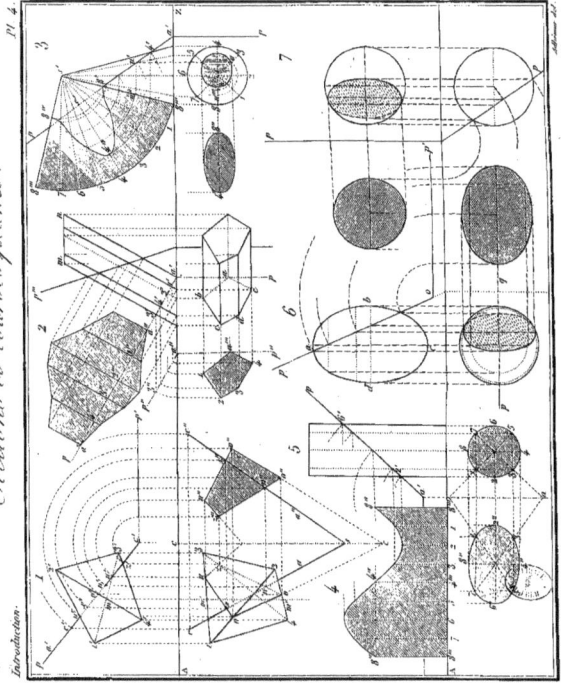

Pl. 4.

Sections et courbes planes.

Introduction.

Courbes du 2.me degré

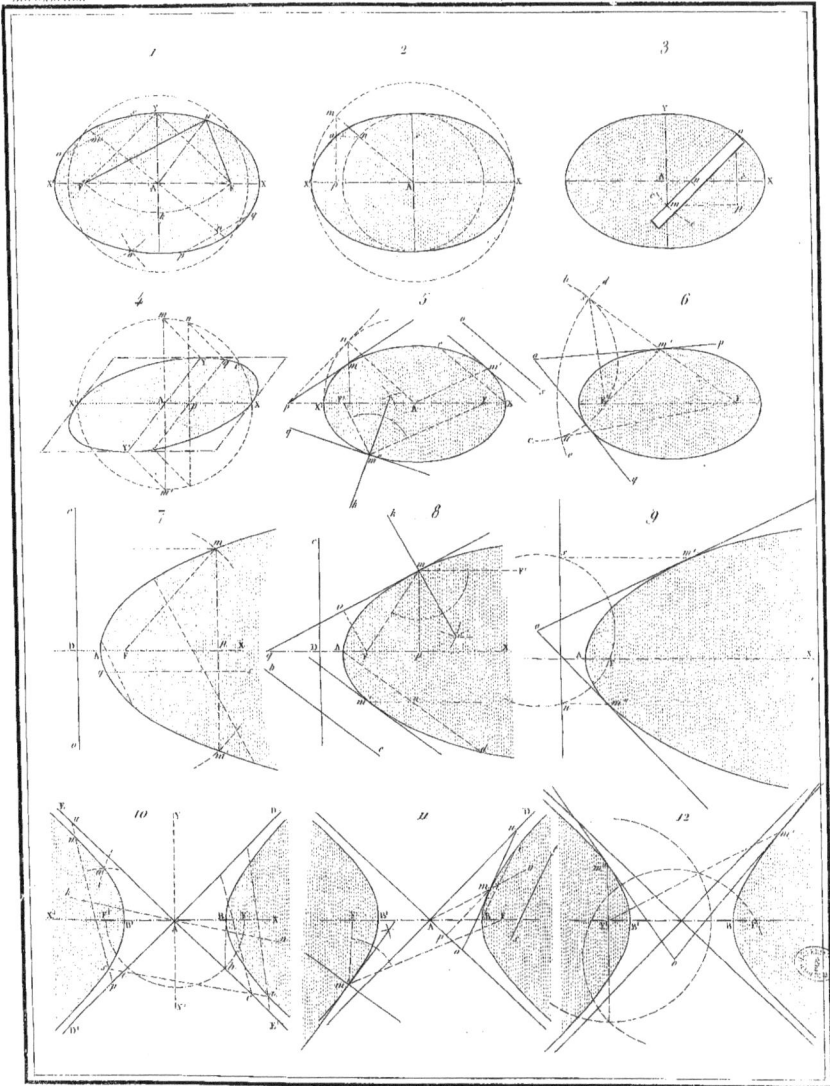

Sections coniques

Pl. 6.

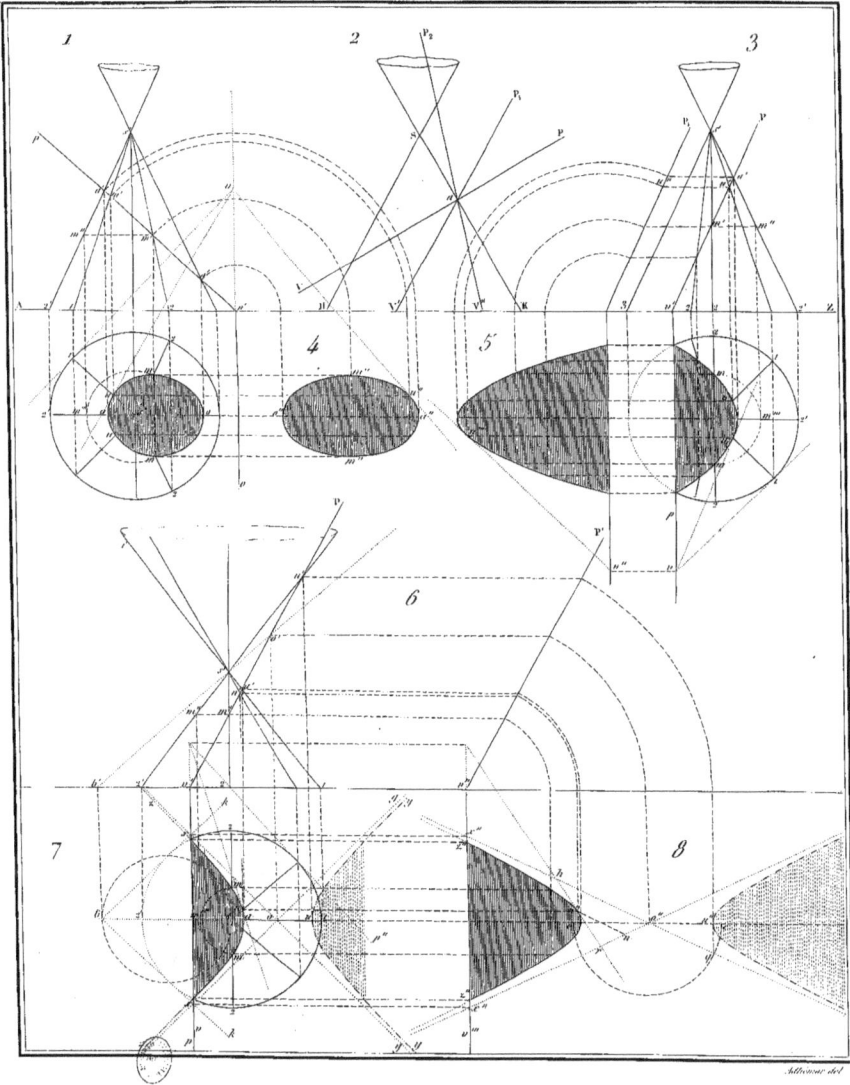

Sabbonne del.

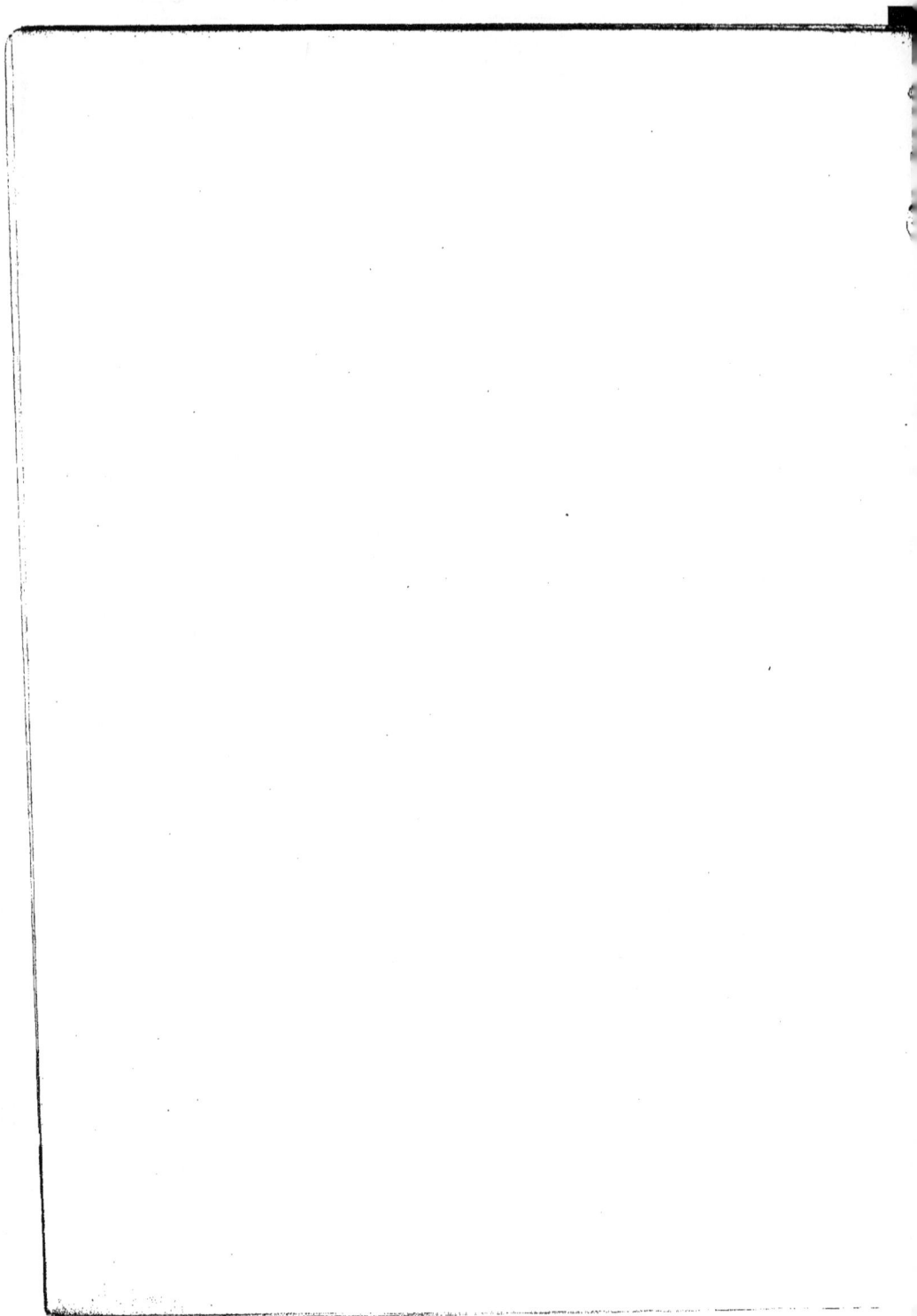

Courbes à double courbure.

Pl. 3.

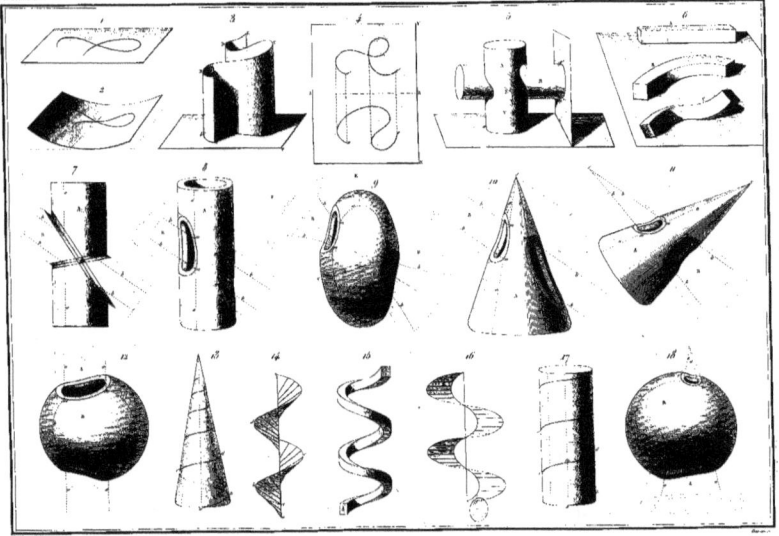

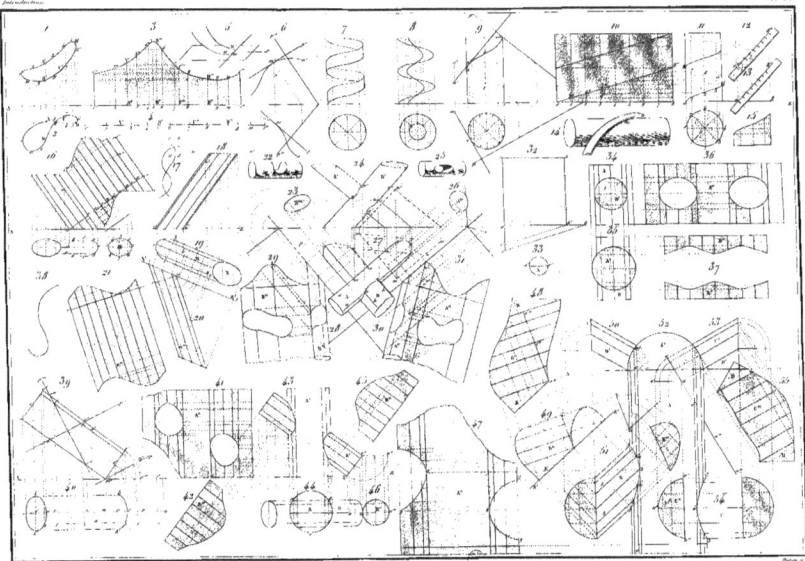

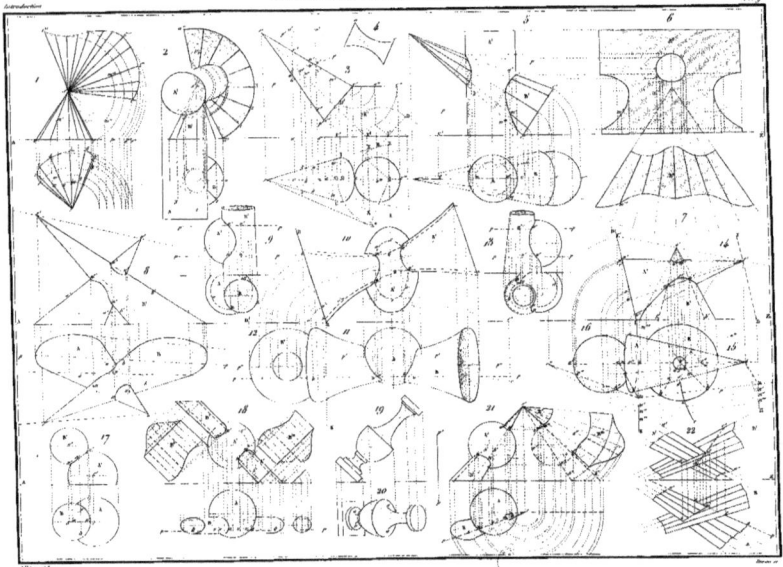

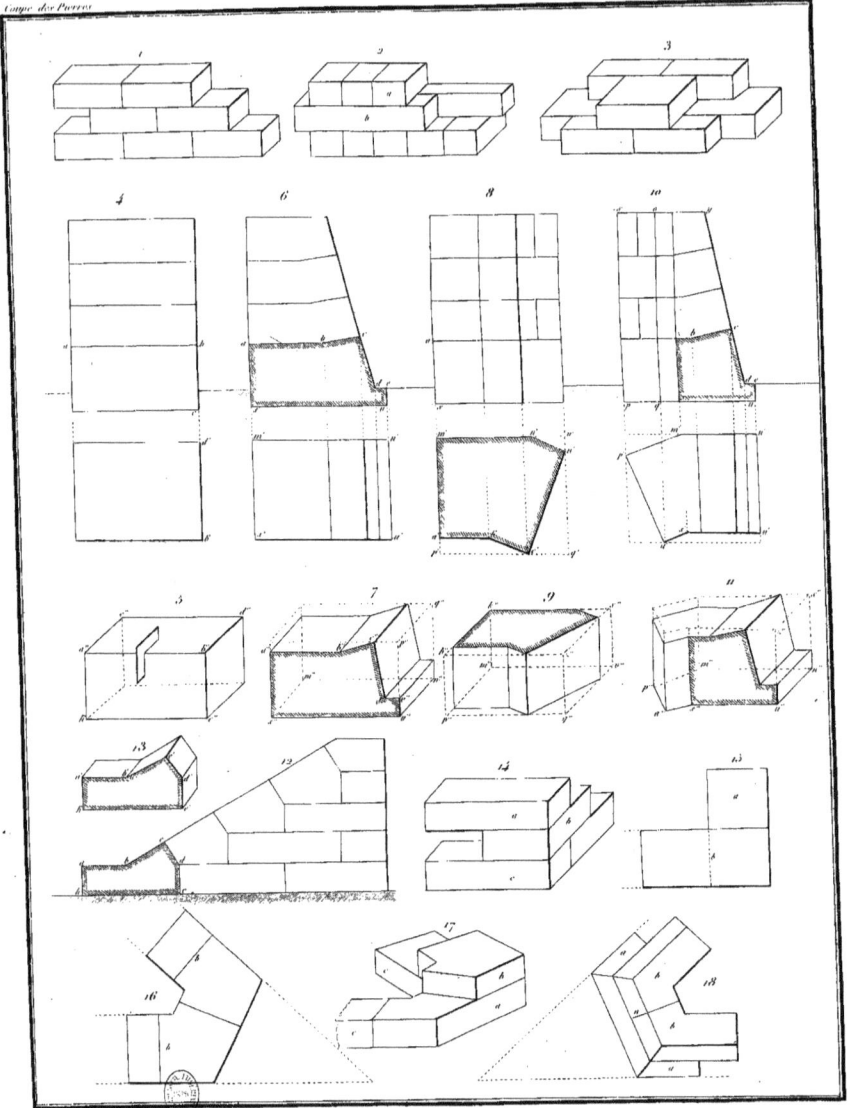

Plate-bandes; Voûtes plates.

Pl. 11.

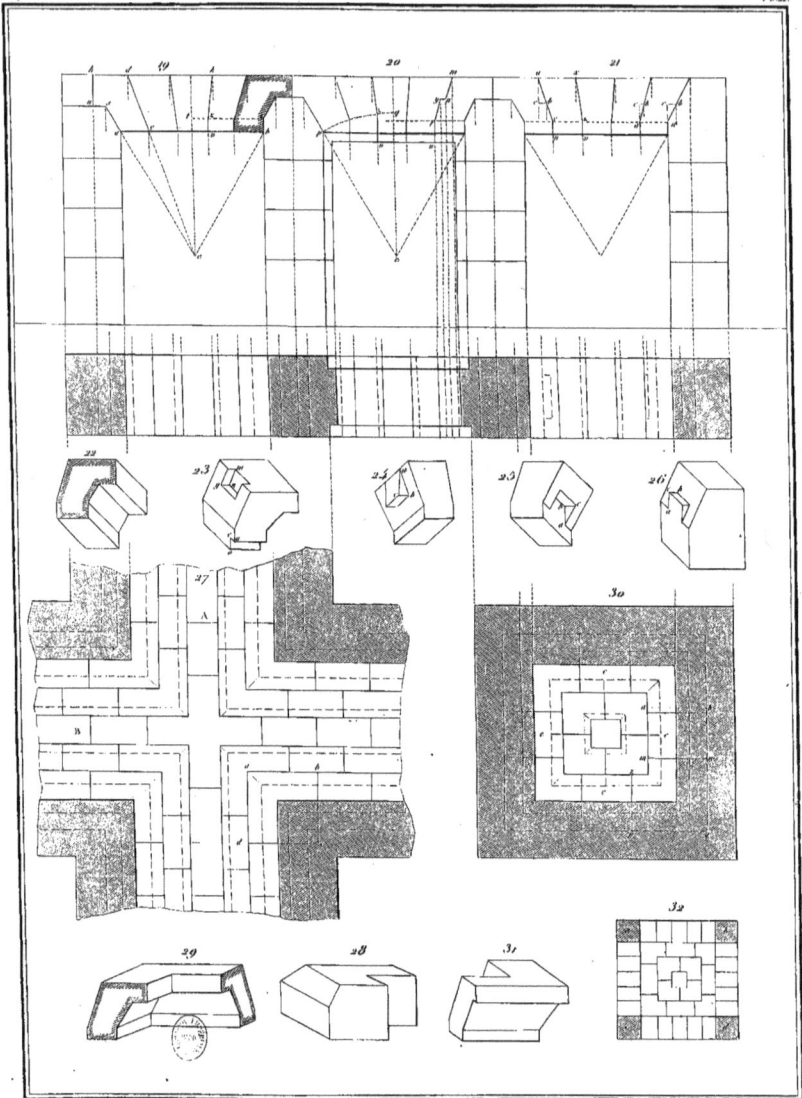

Coupe des Pierres

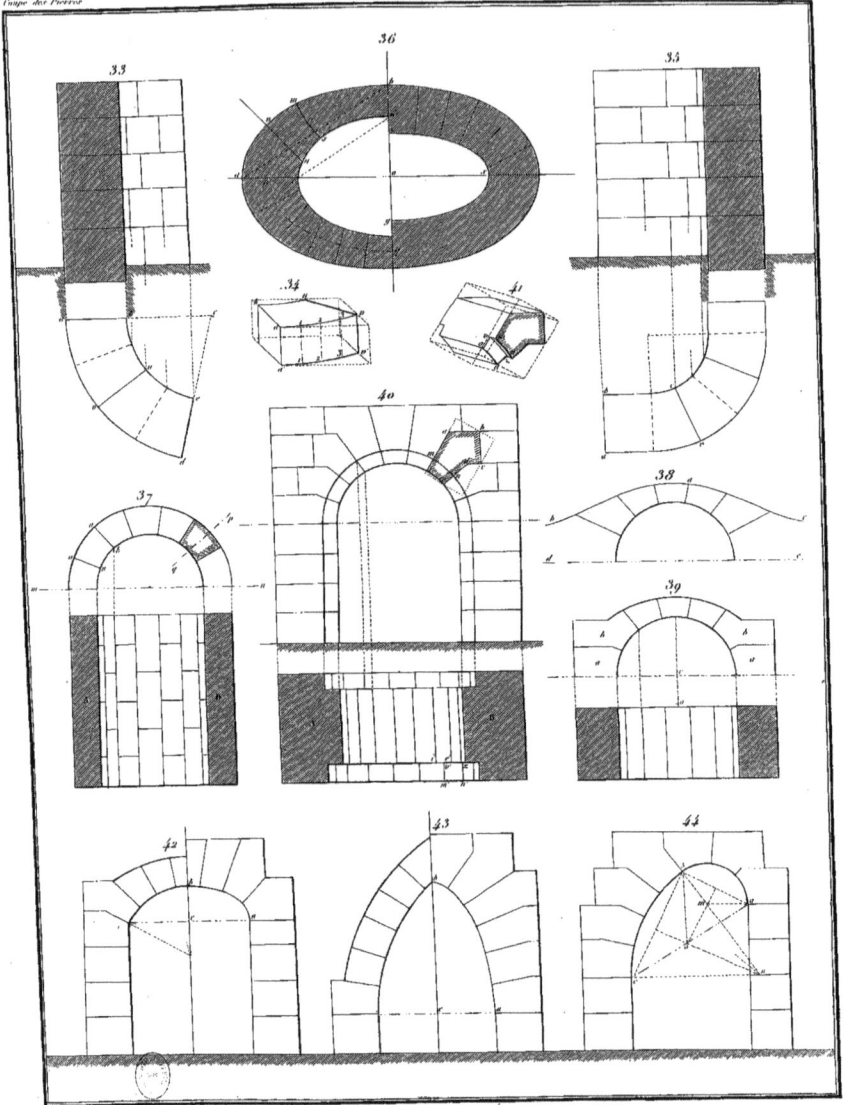

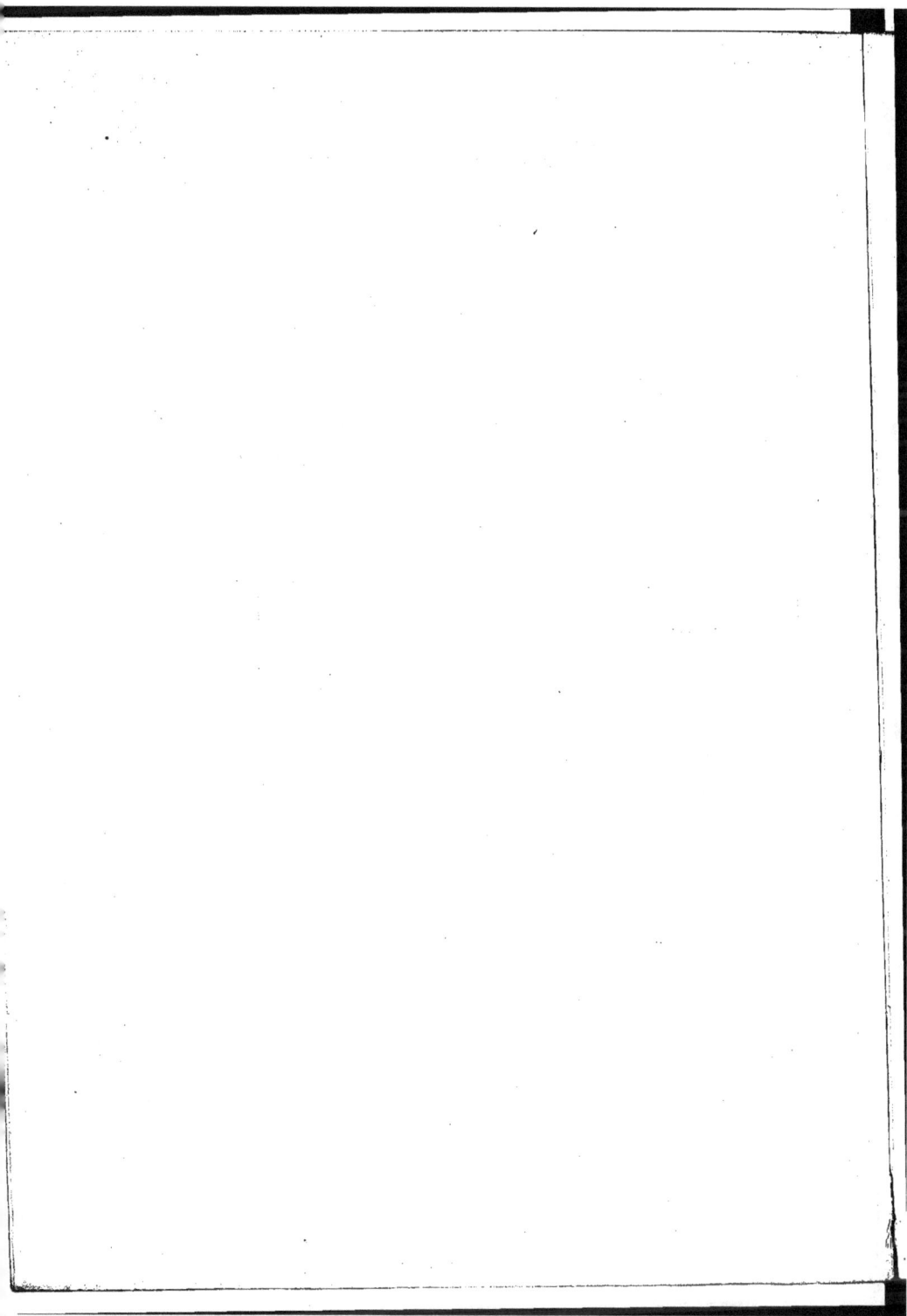

Portes biaises et en talus.

Pl. 13.

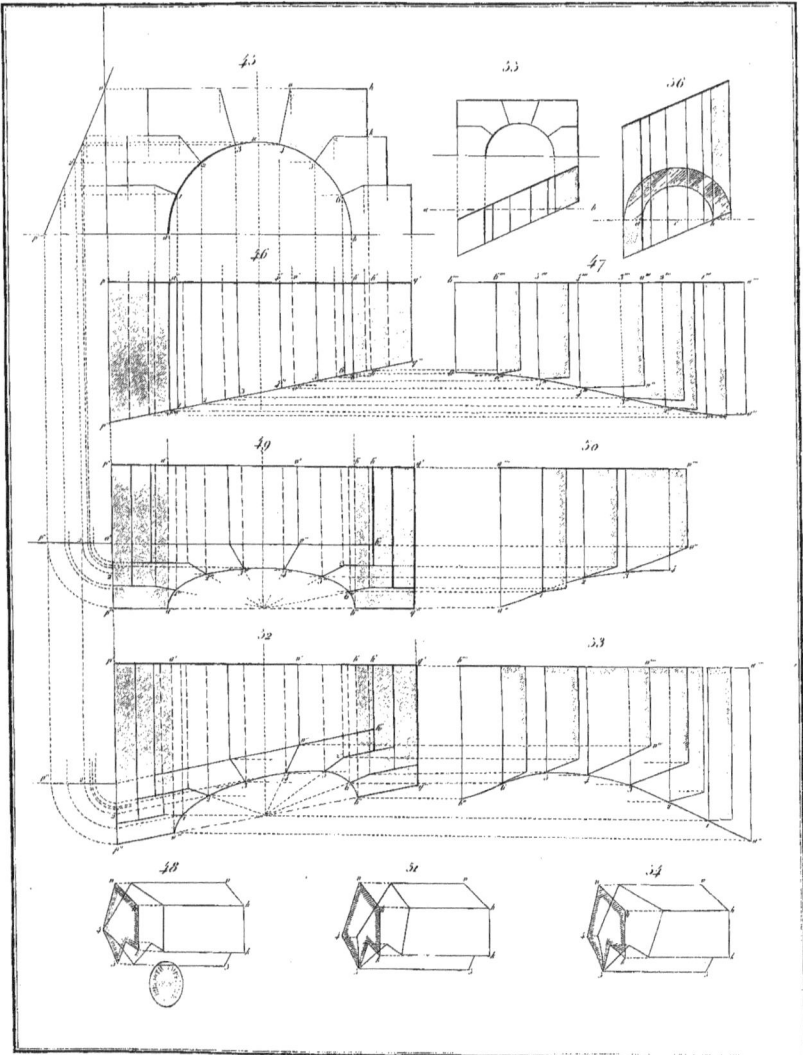

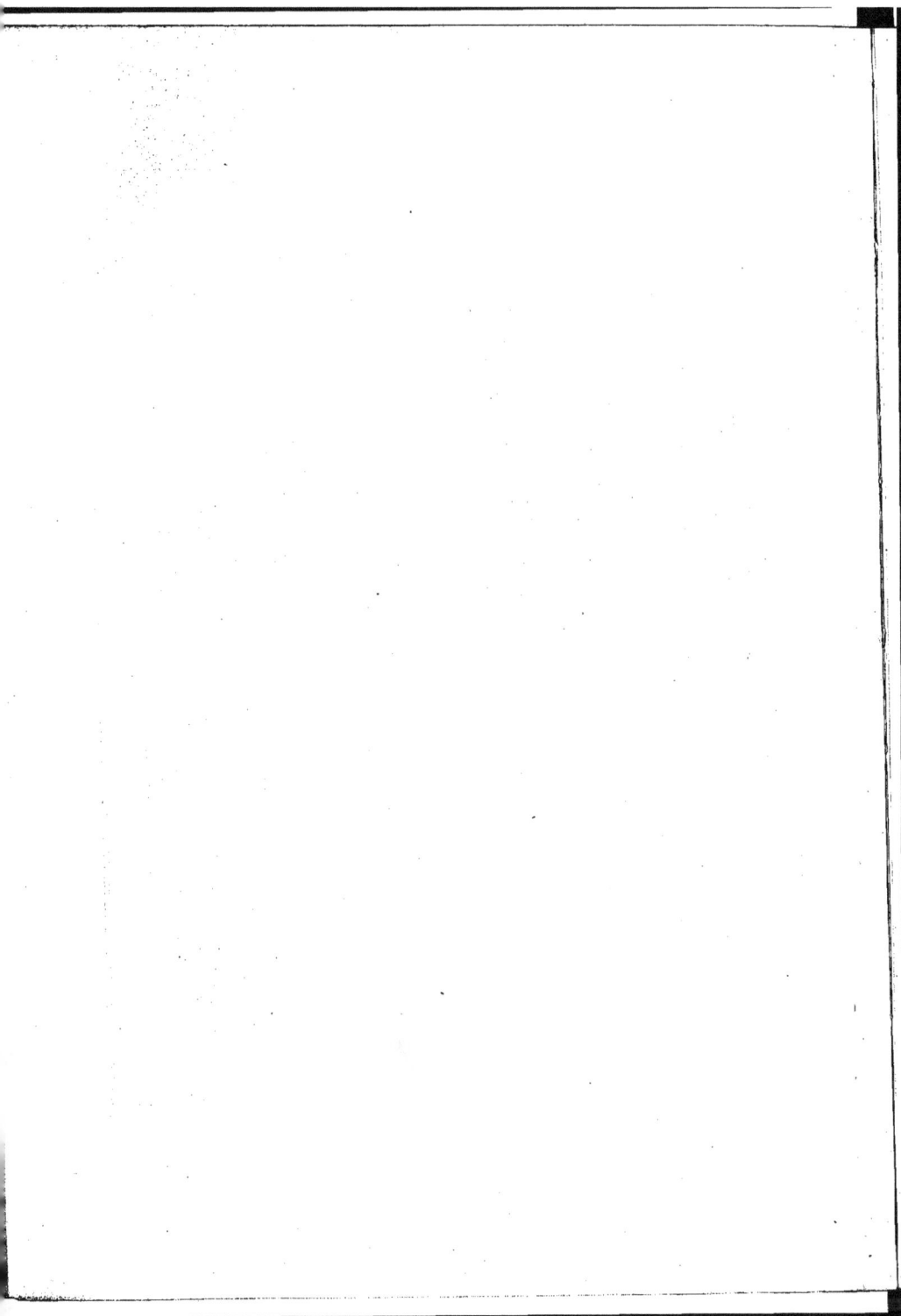

Berceaux biais.

Pl. 15.

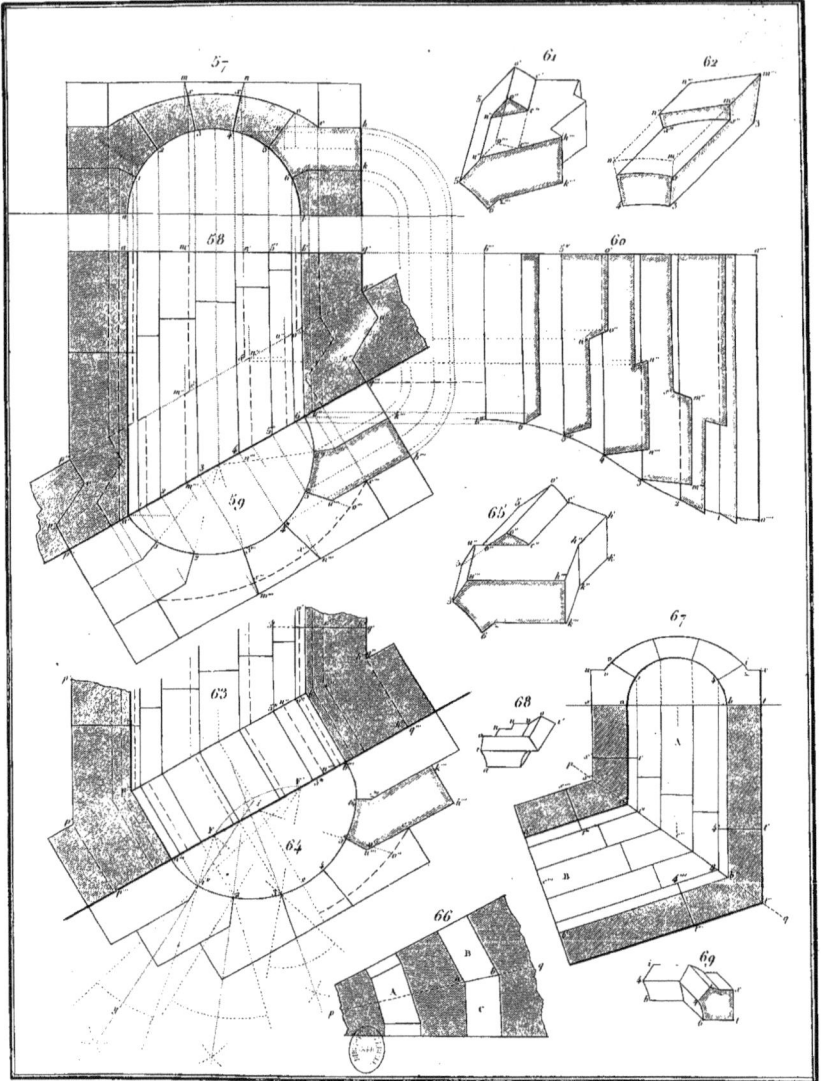

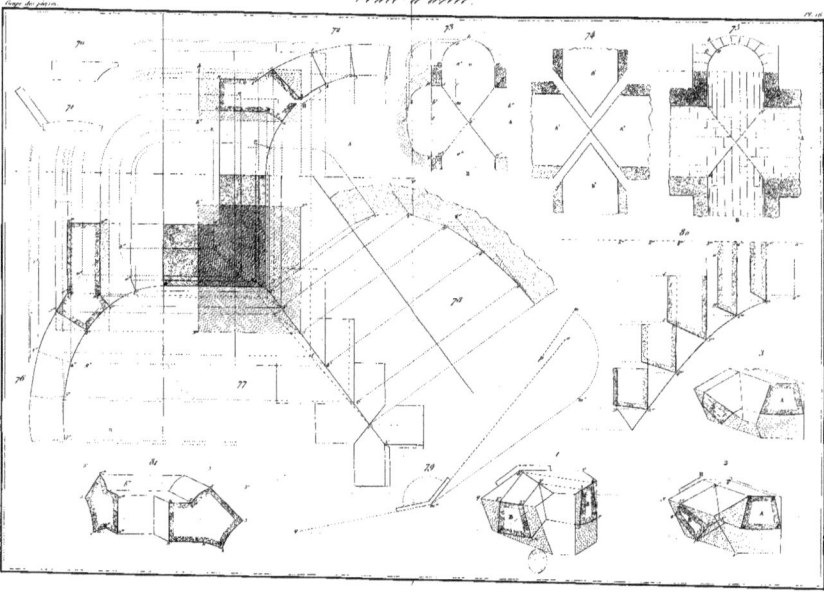

Pl. 17.

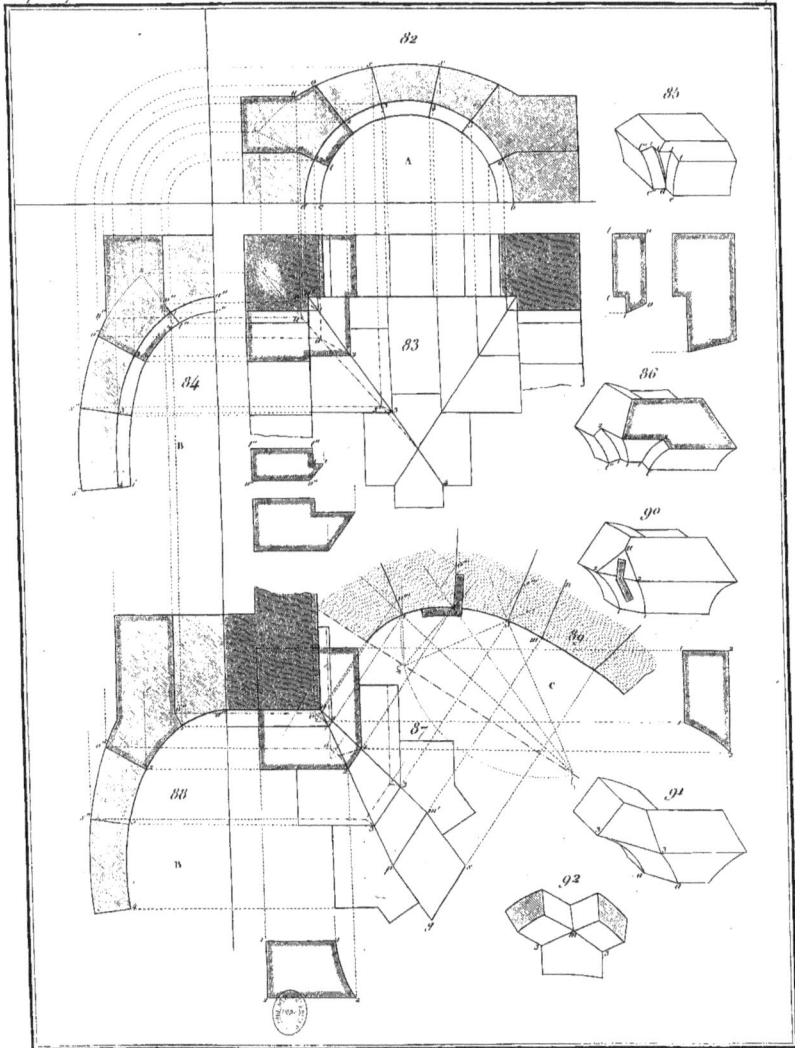

Pl. 18.

Voûtes en arc de Cloître

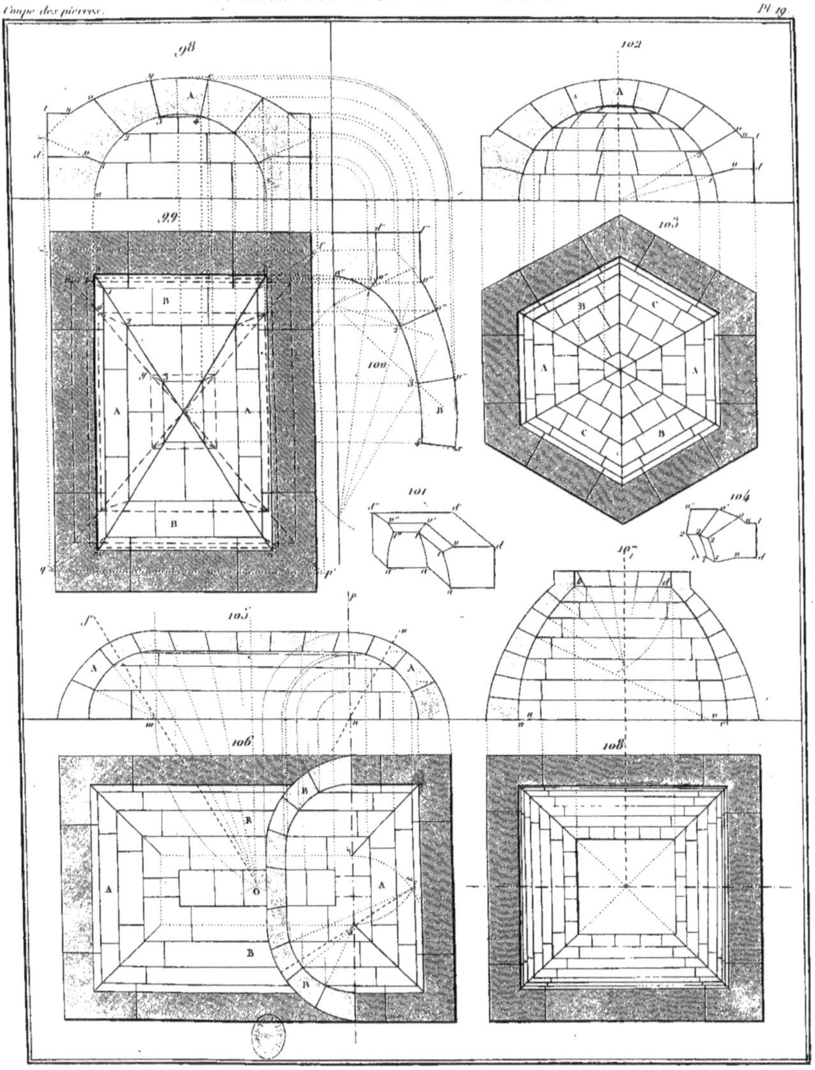

Lunette droite

Pl. 20

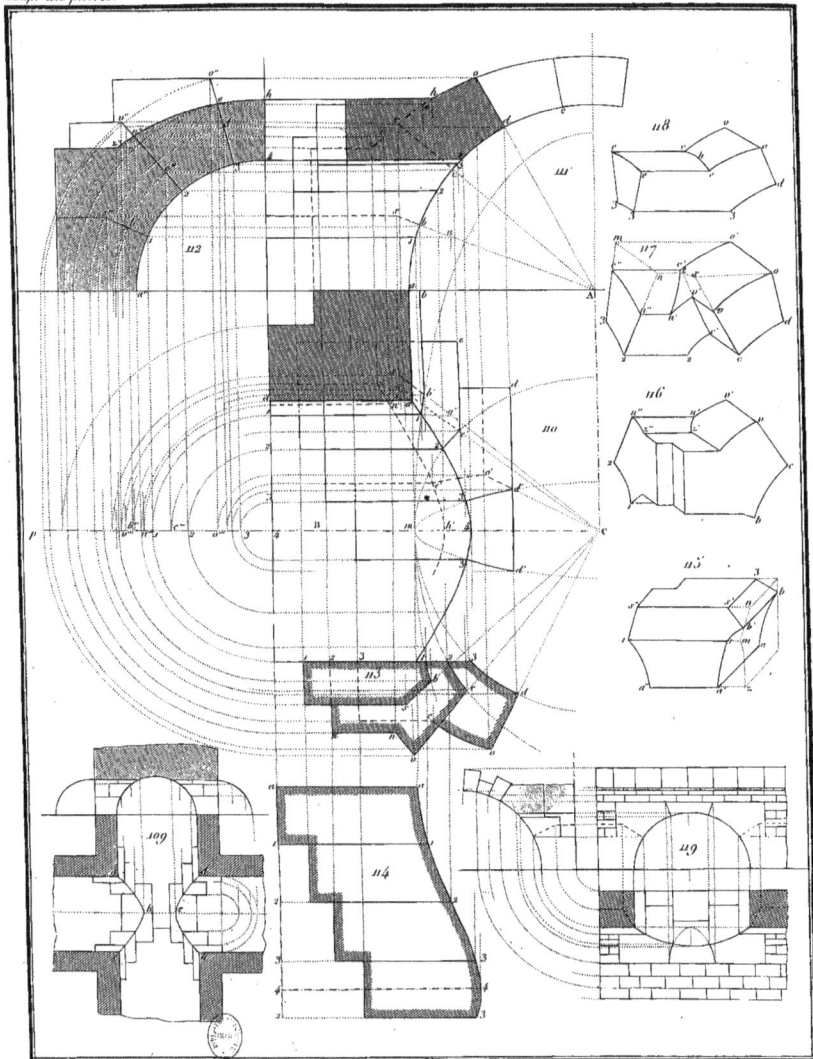

Lunette Biaise.

Pl. 21.

Descentes.

Pl. 22.

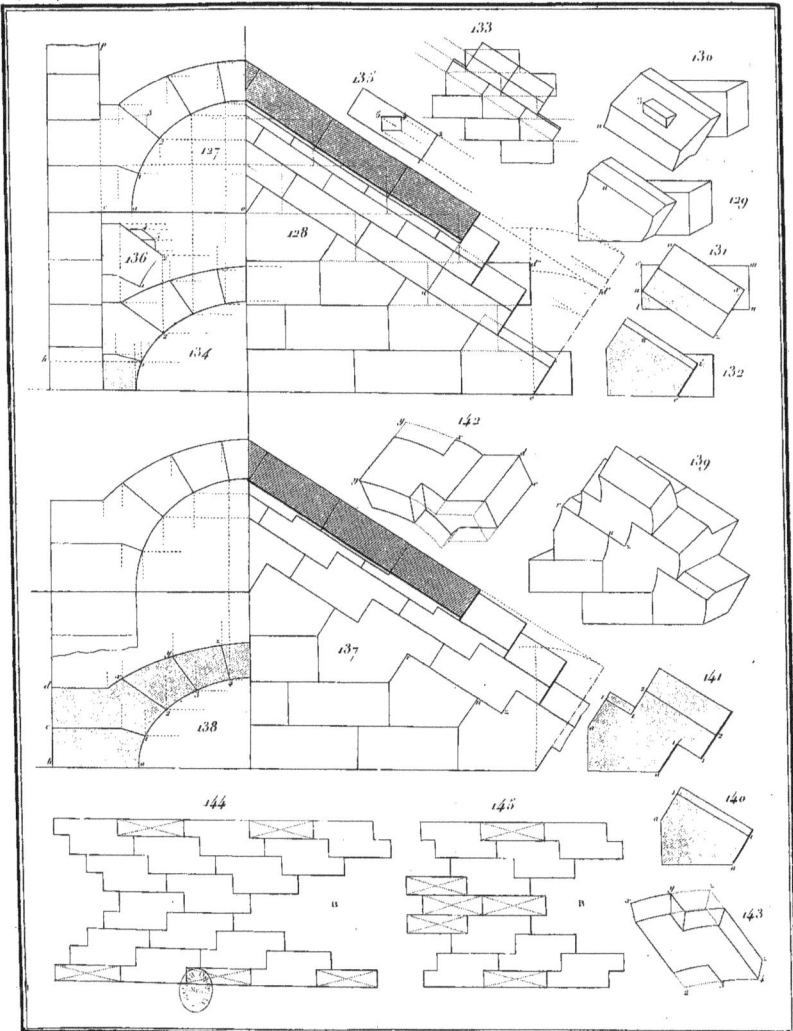

Descentes.

Pl. 23.

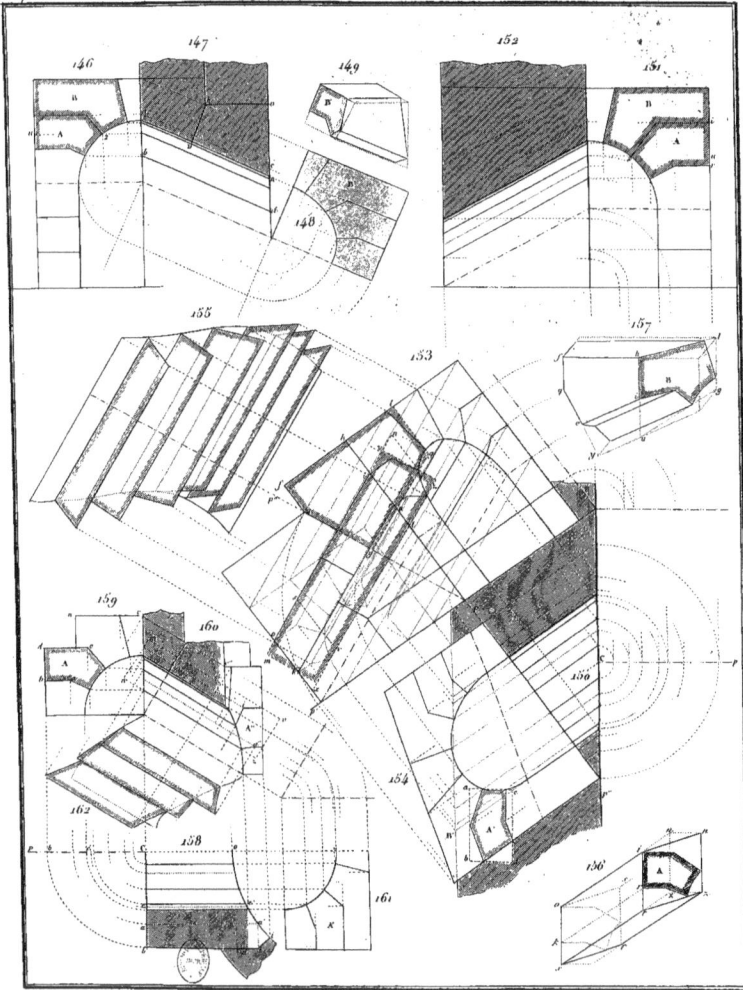

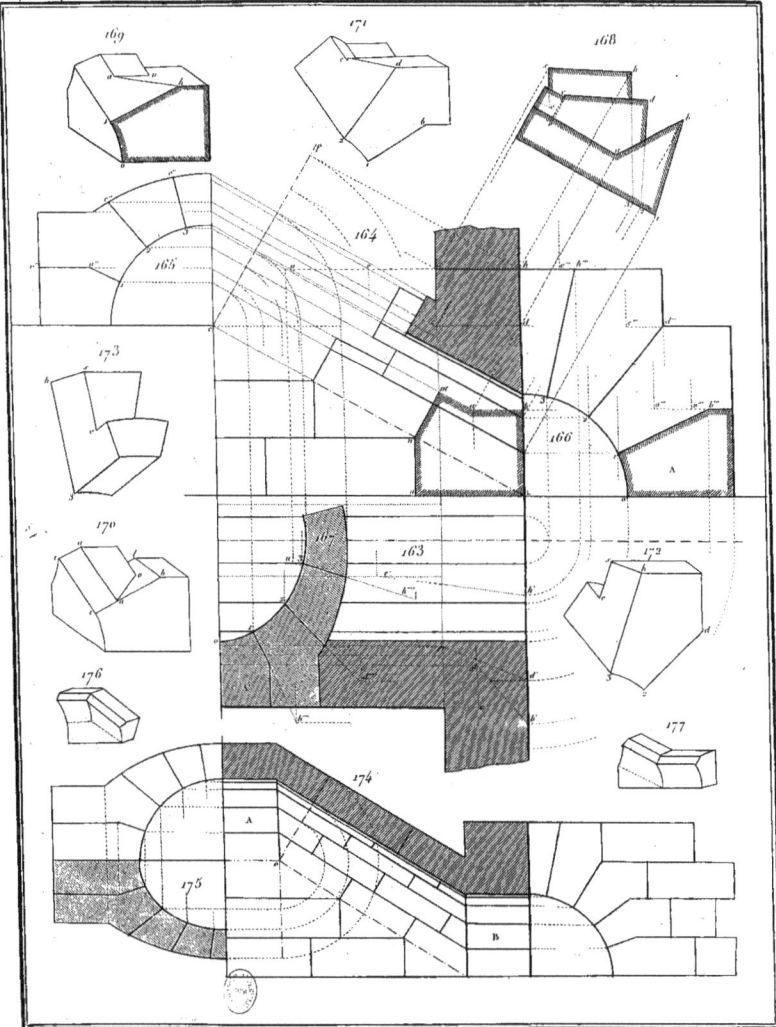

Descentes.

Pl. 14.

Descentes.

Pl. 25.

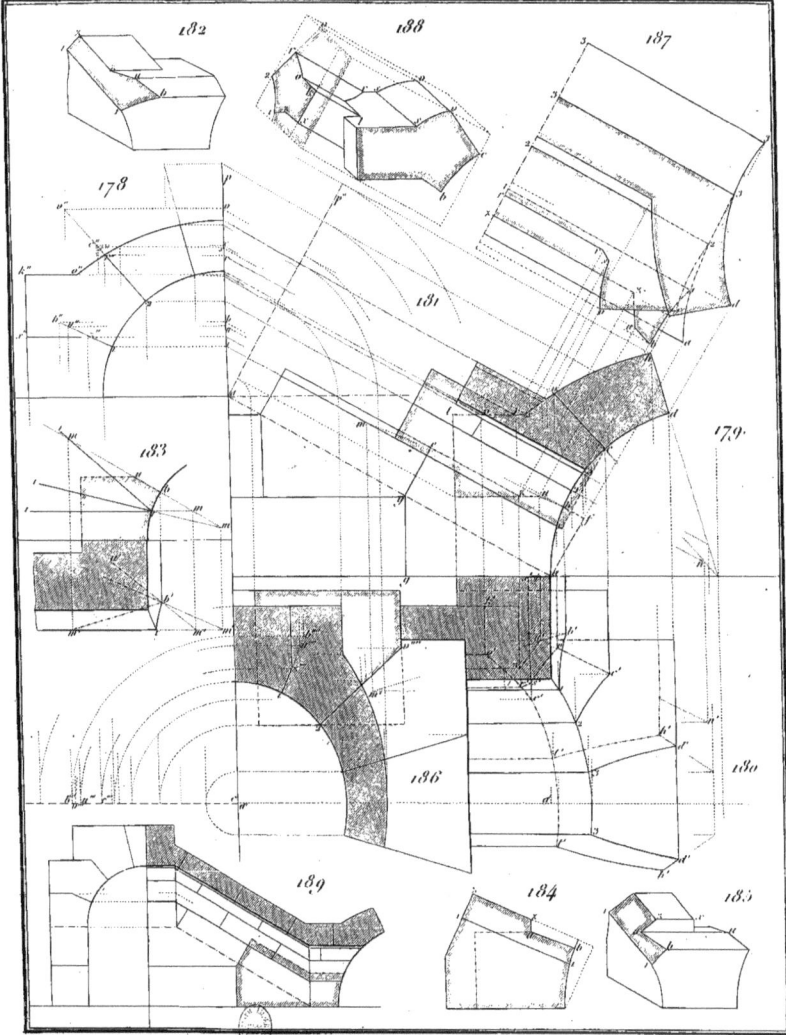

Pl. 26.

Coupe des pierres.

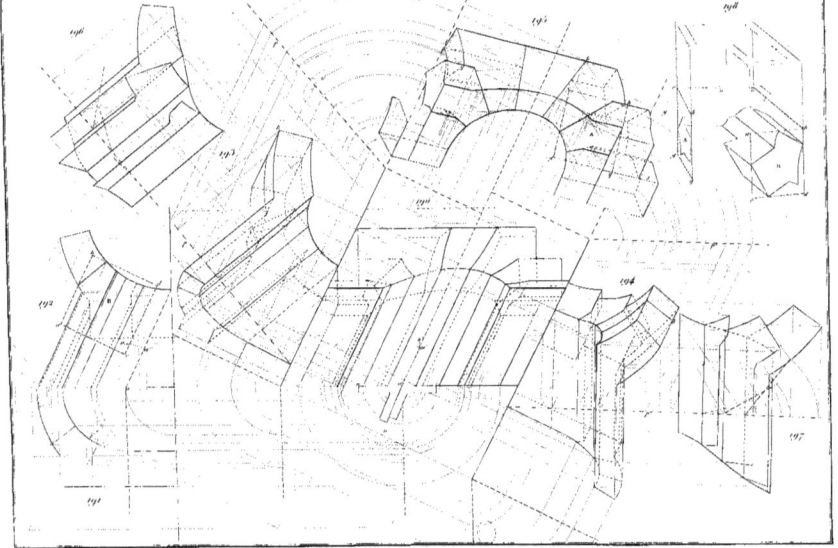

Pl. 27.

Descente biaise.

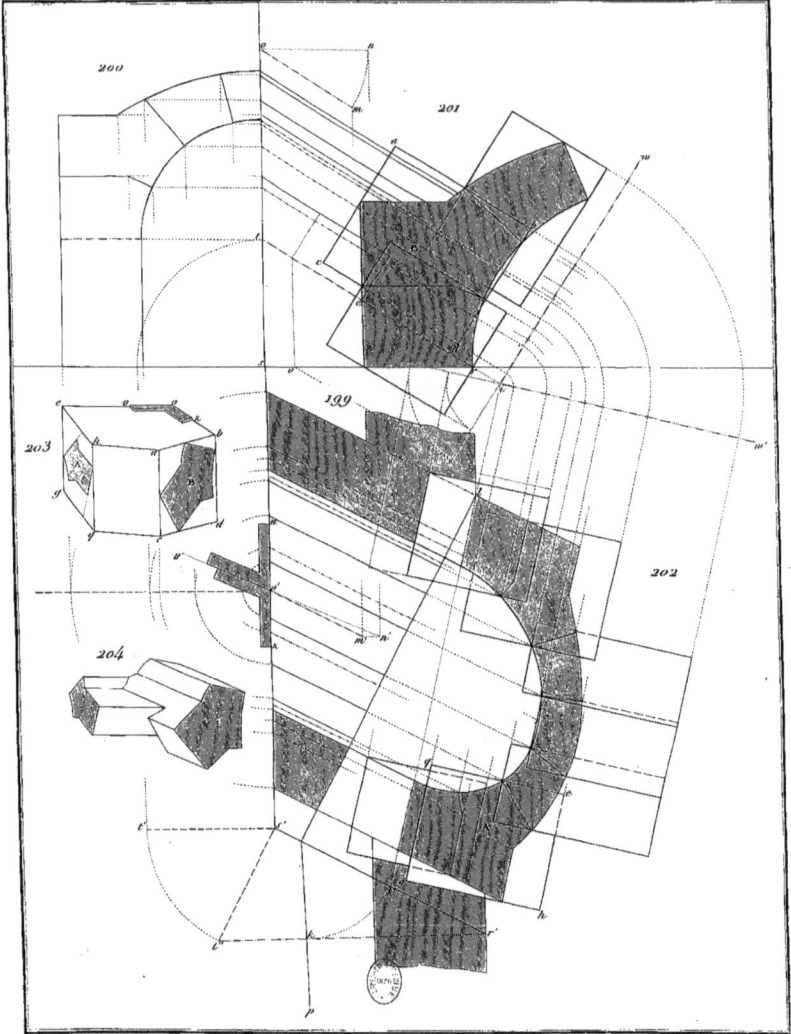

200

201

199

203

202

204

Questions diverses.

Pl. 28.

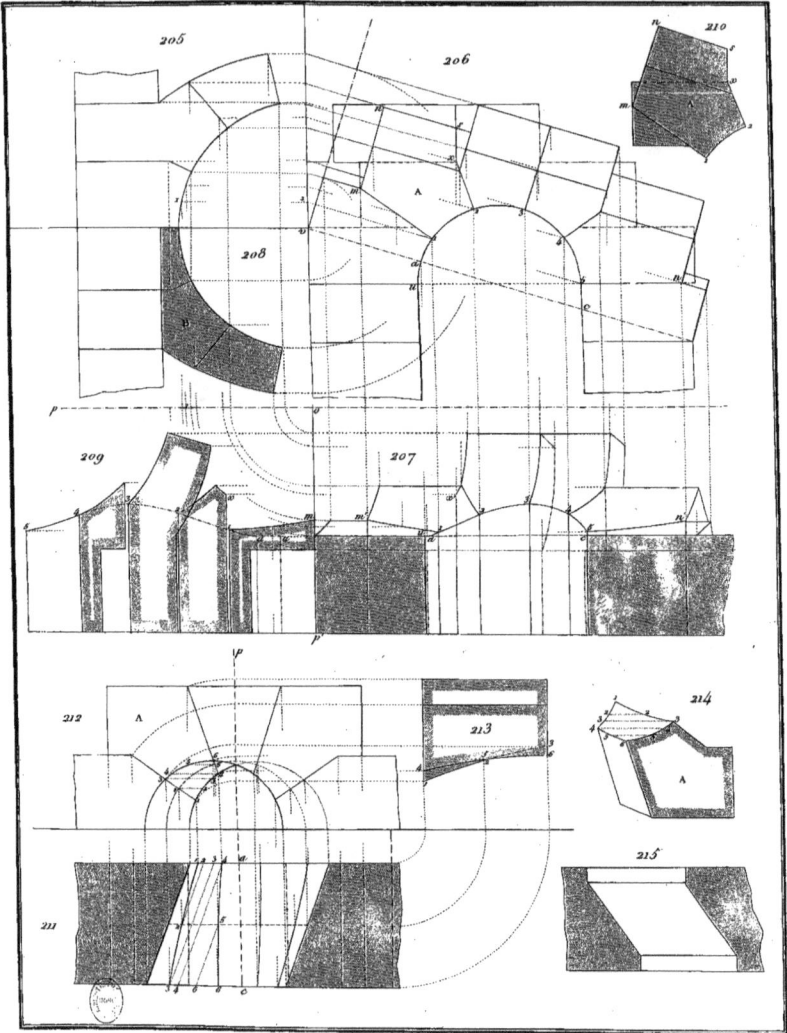

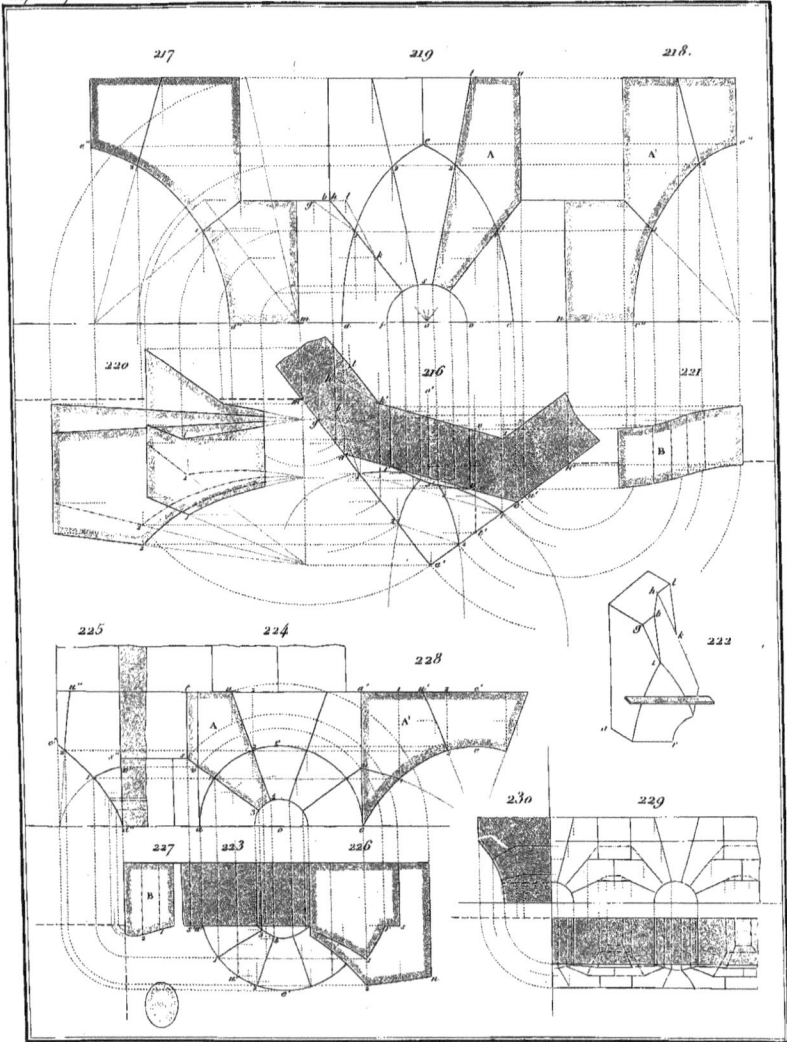

Pl. 30.

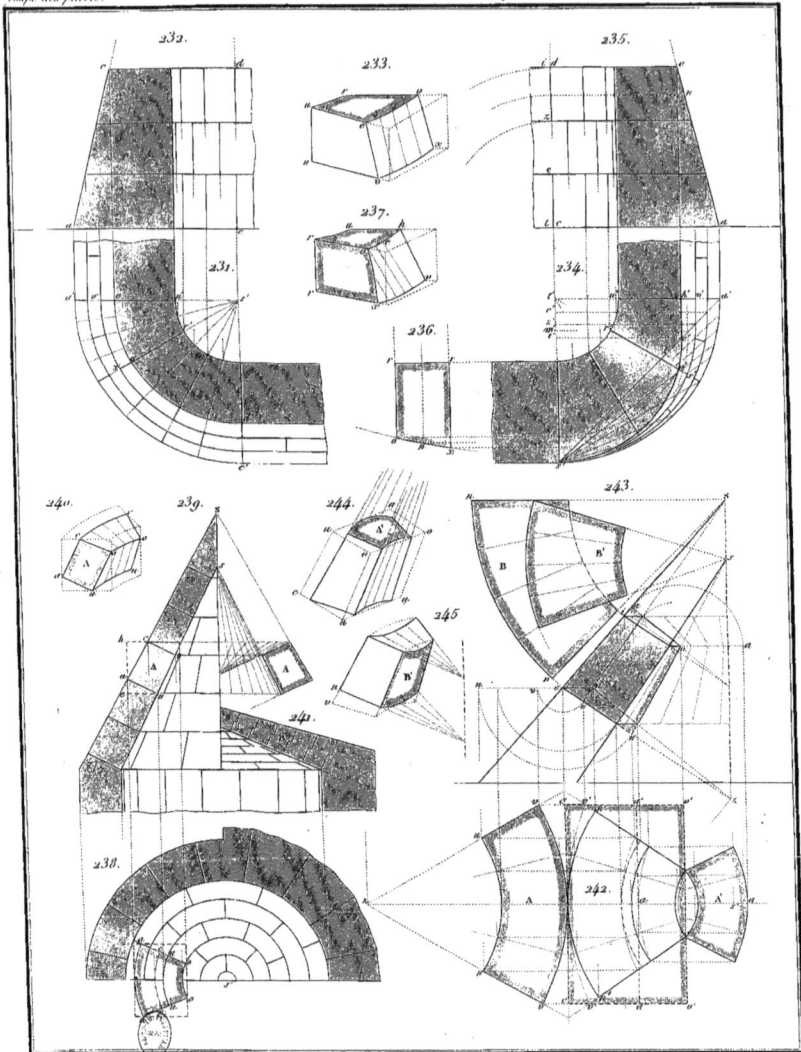

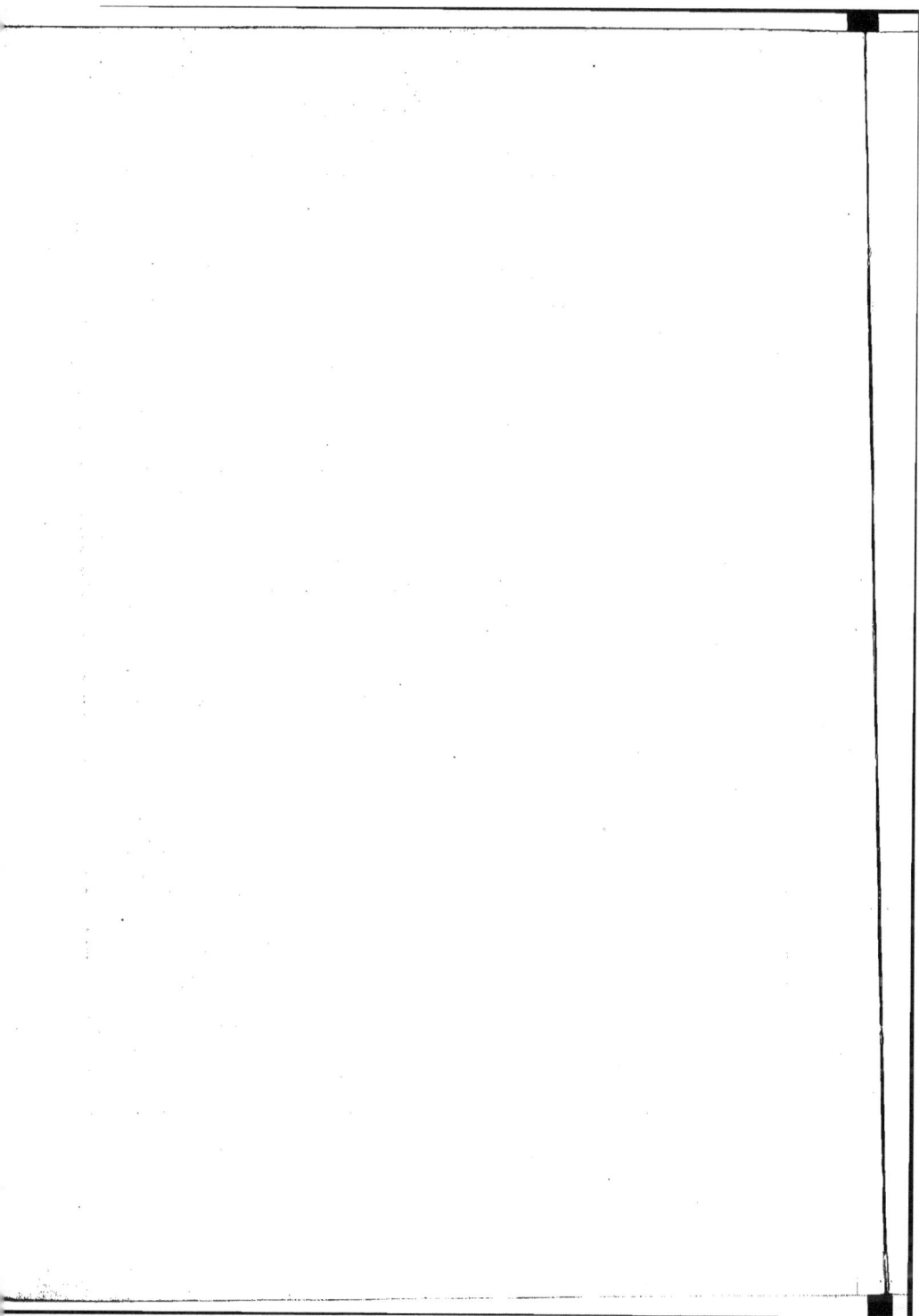

Porte biaise dans un mur conique.

Pl. 31.

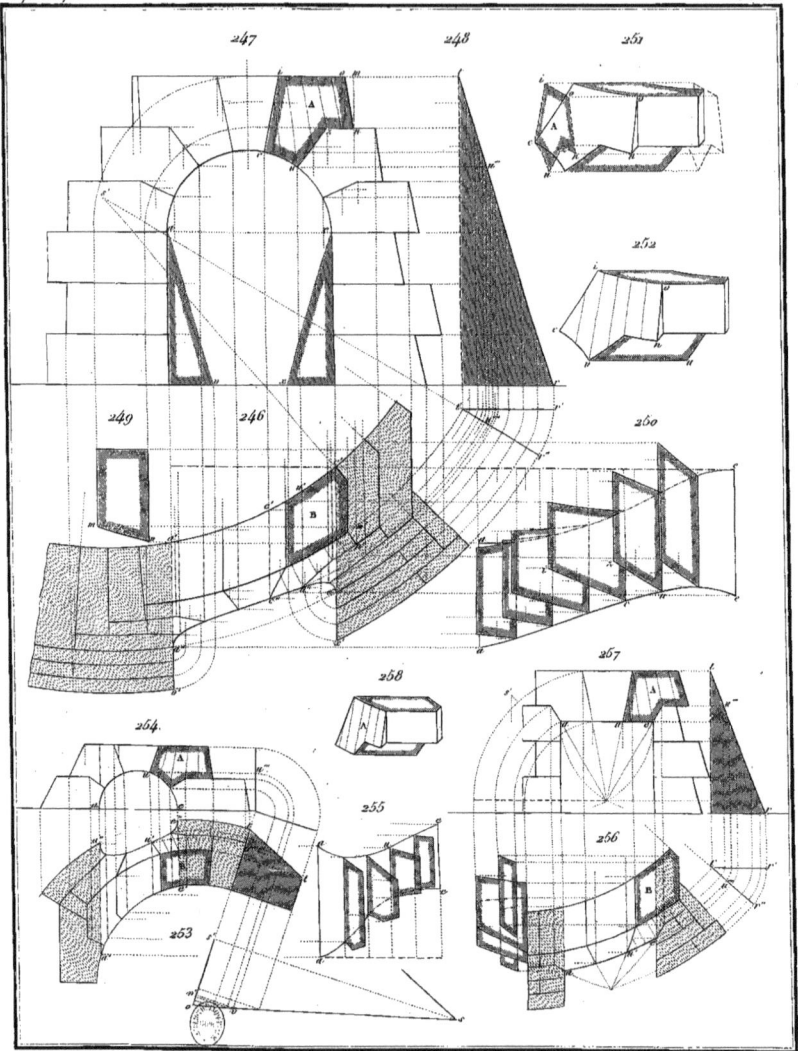

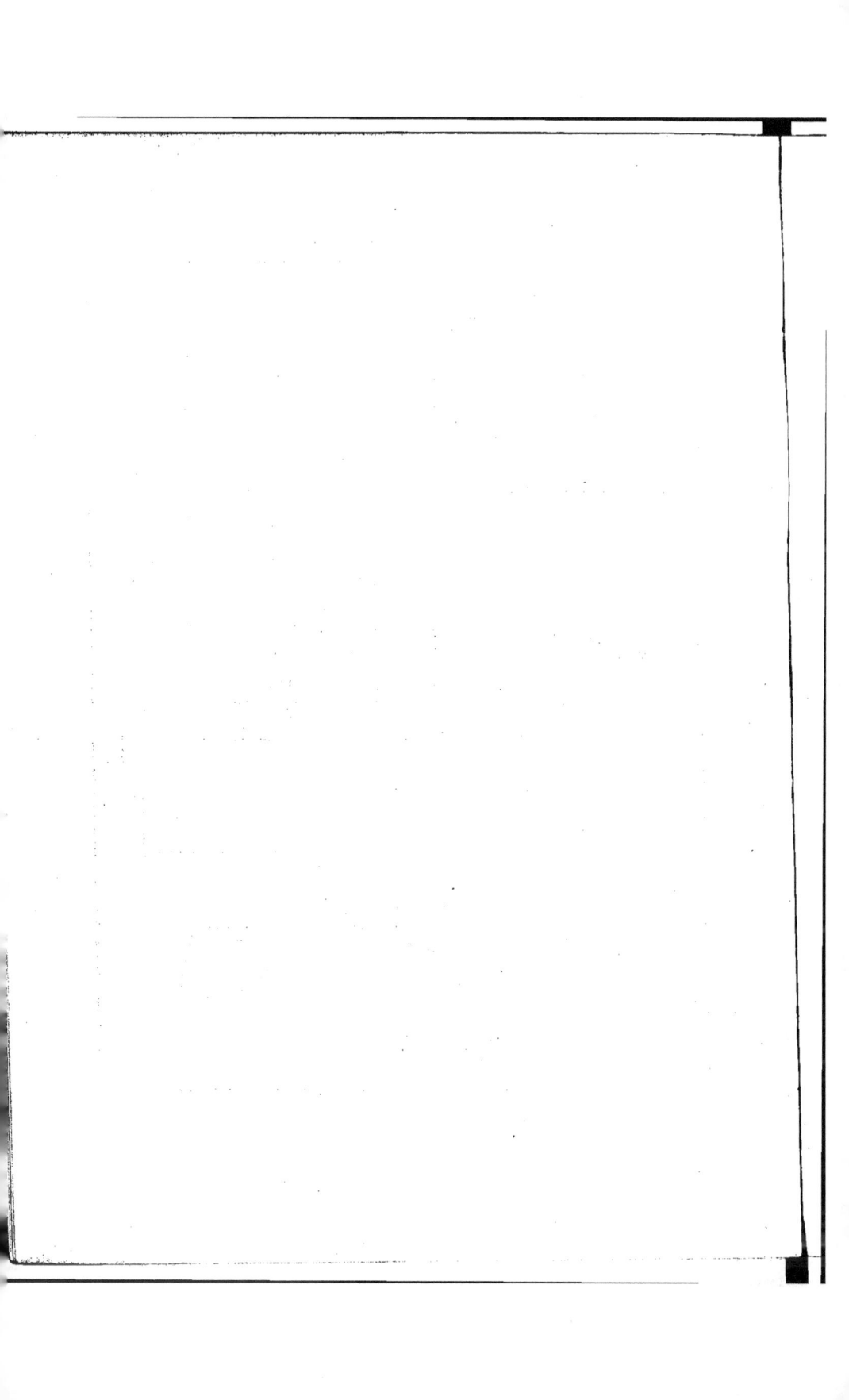

Portes coniques.

Pl. 32.

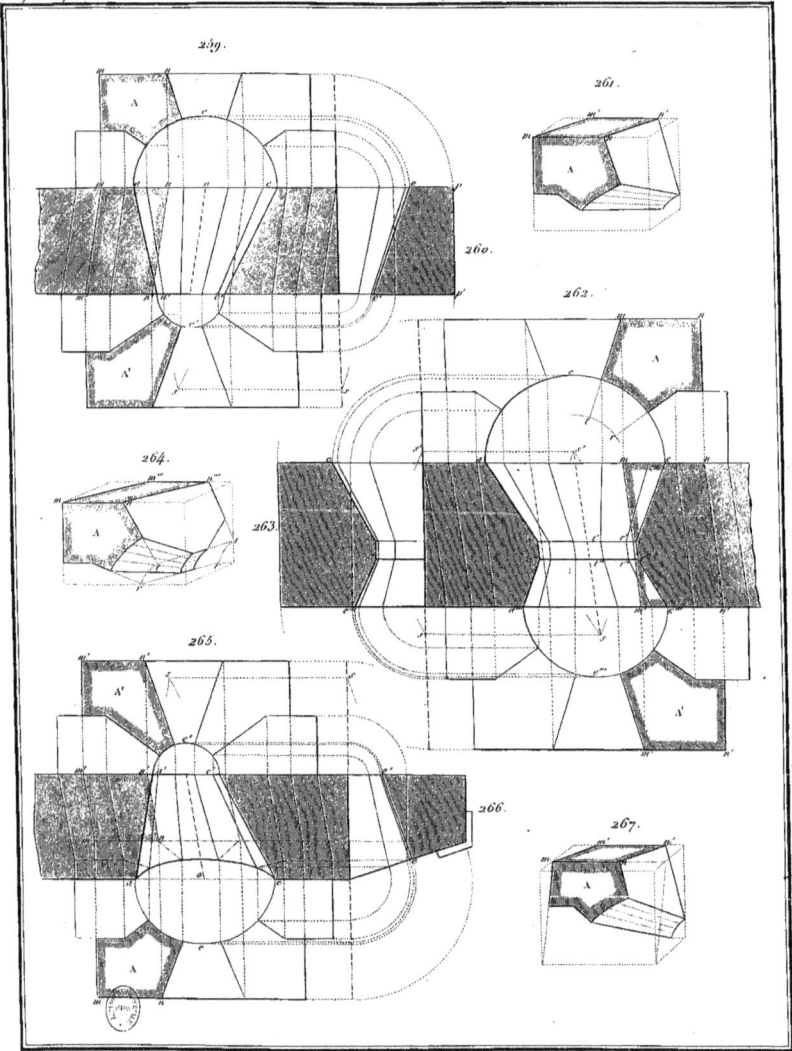

259.

260.

261.

262.

263.

264.

265.

266.

267.

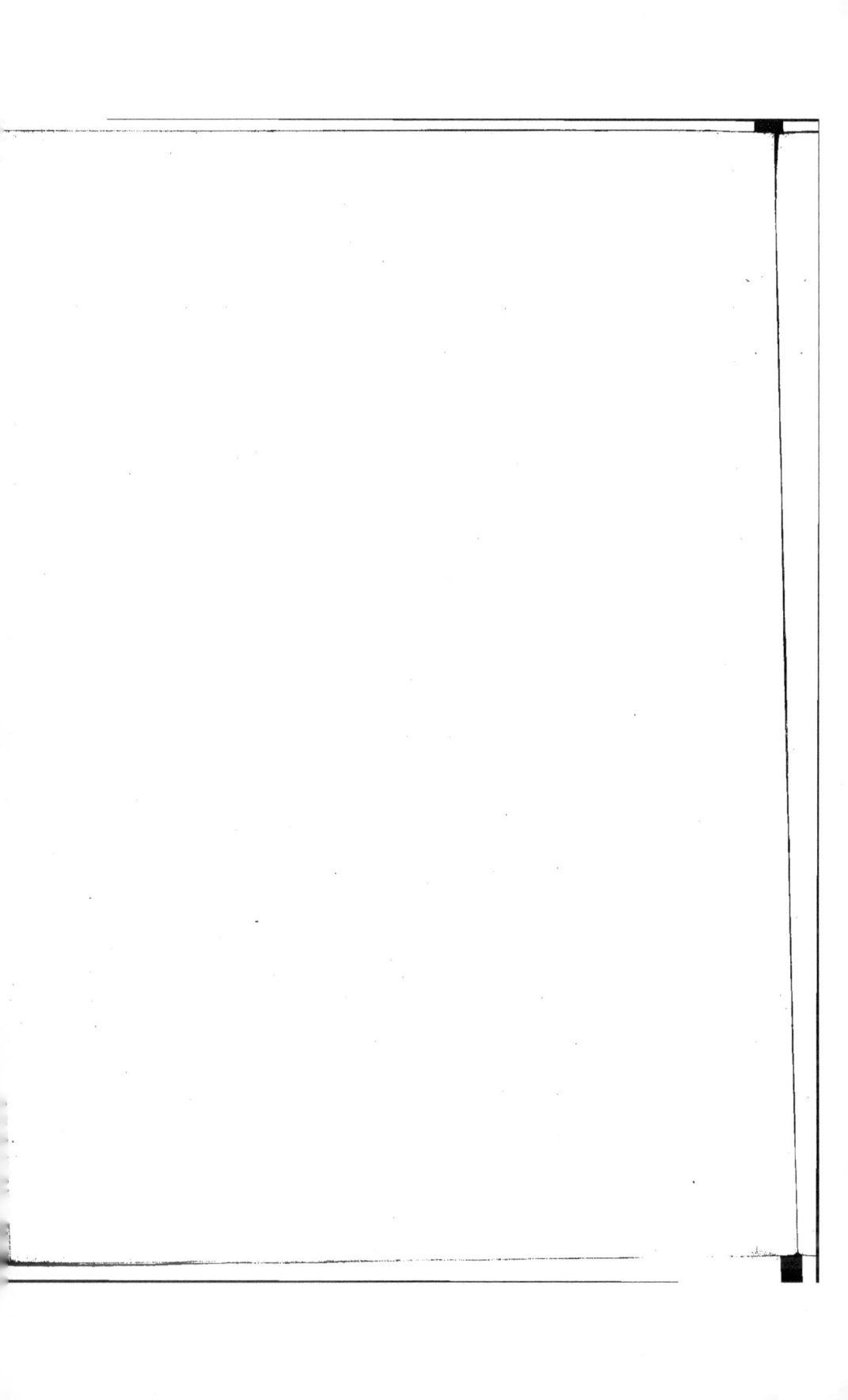

Portes coniques.

Pl. 33.

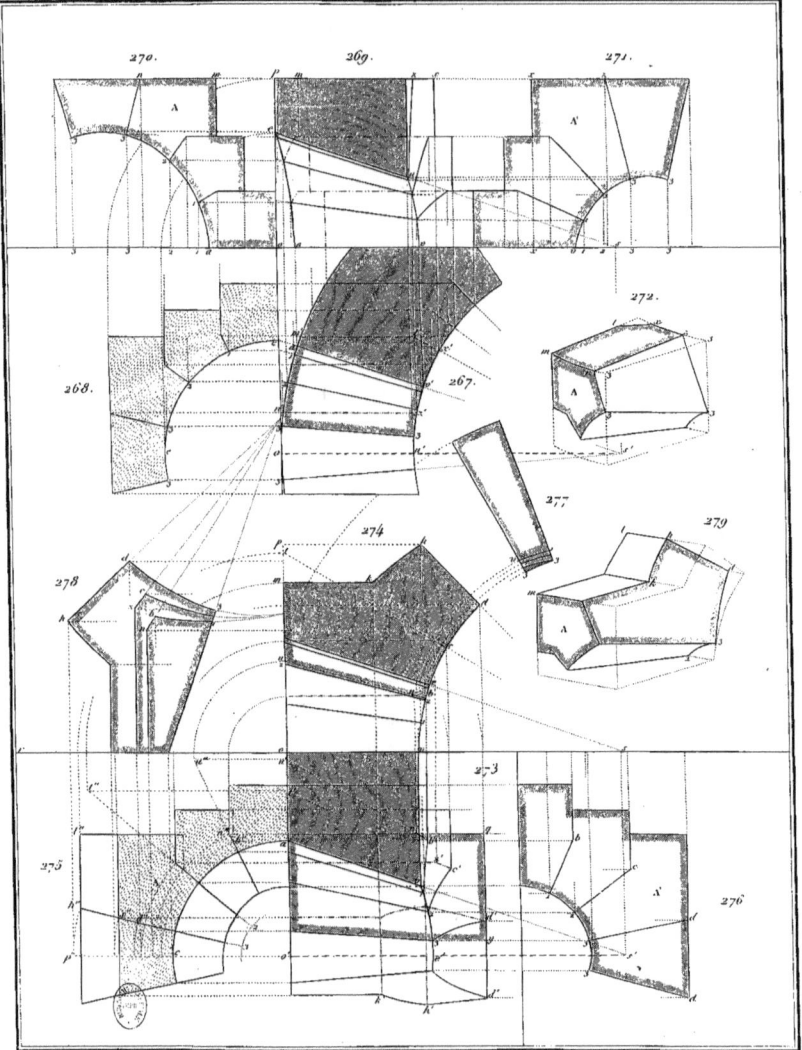

Pl. 34.

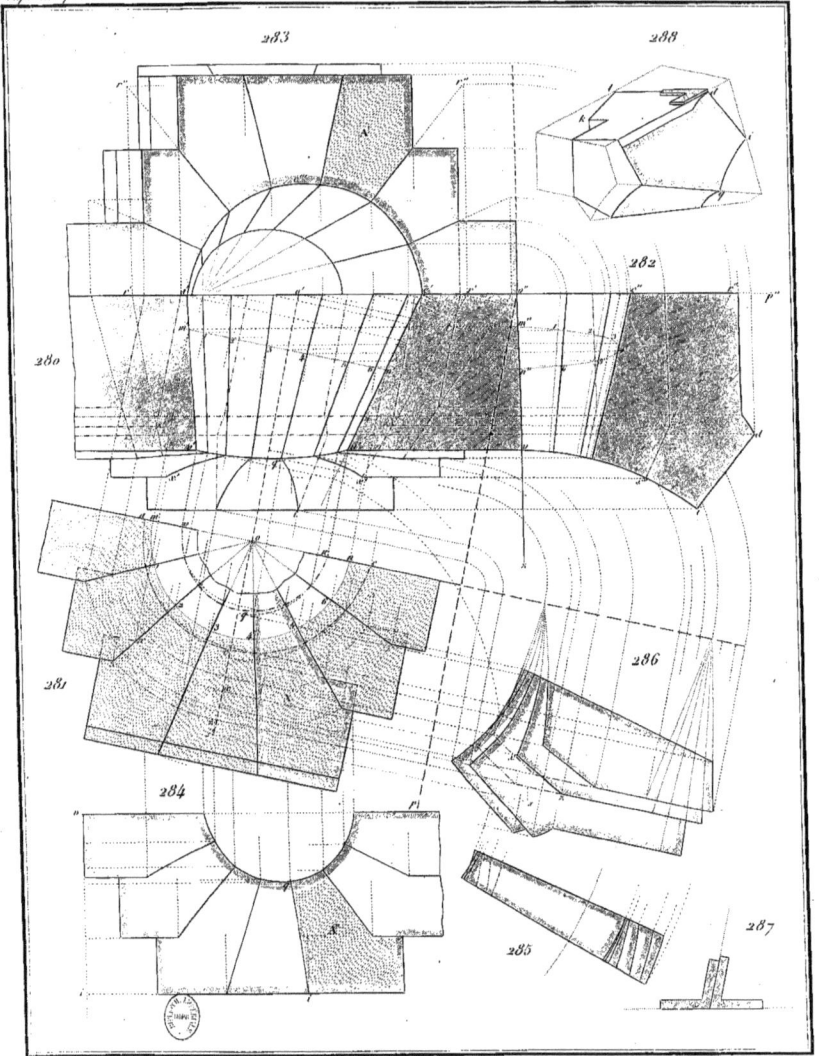

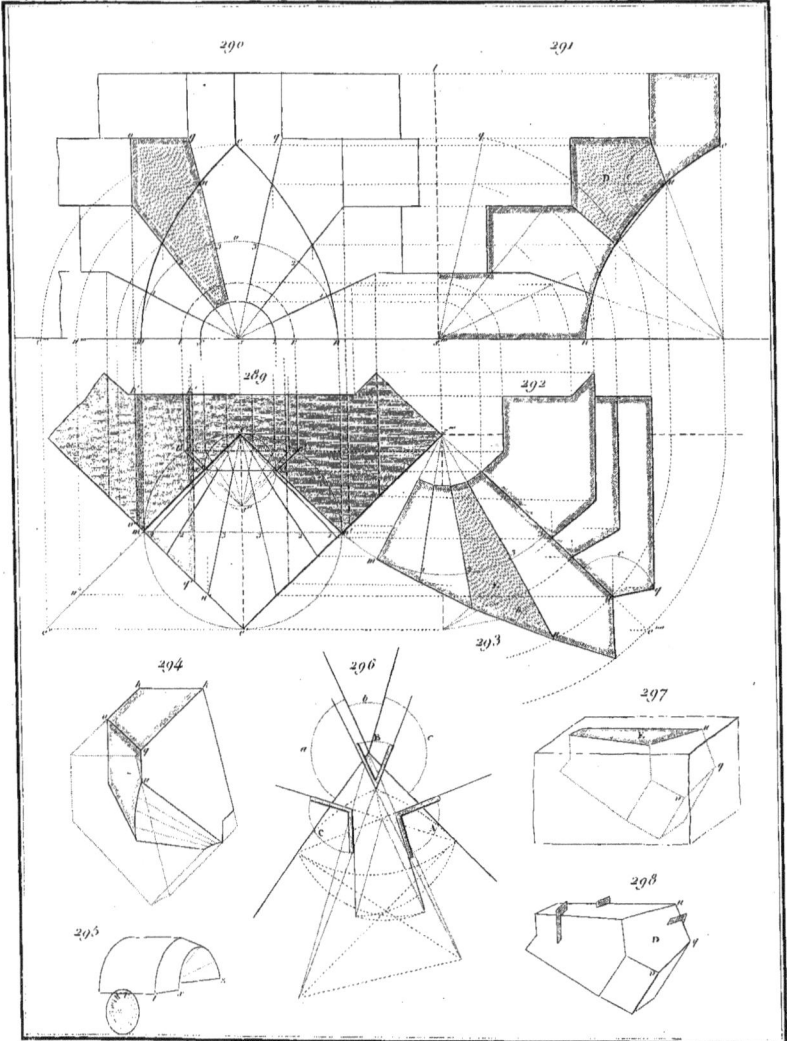

290   291

289   292

293

294   296   297

295   298

Trompes coniques.

Pl. 36.

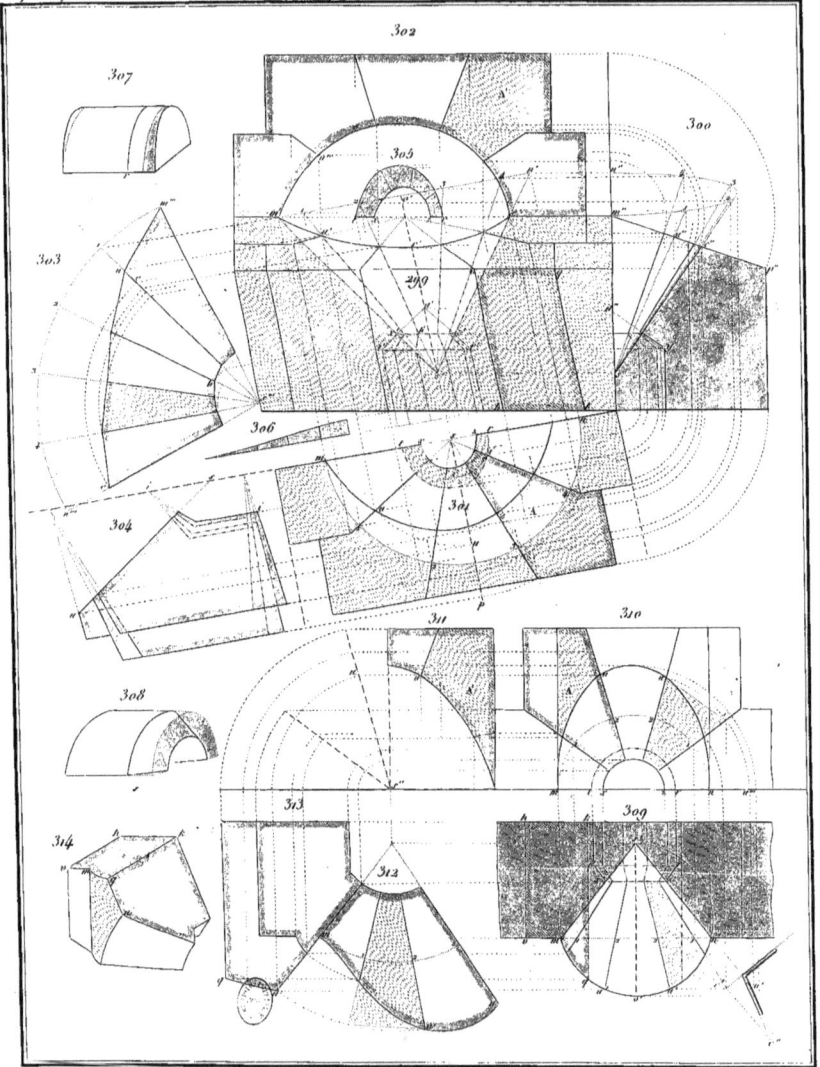

Trompes.

Pl. 37.

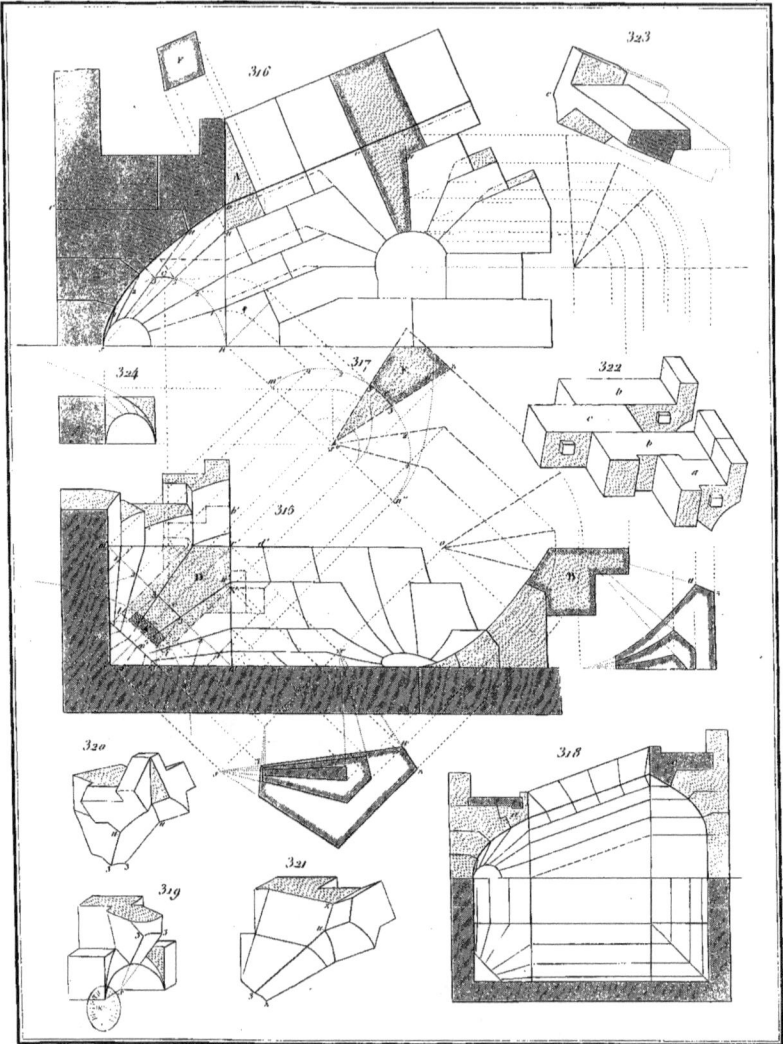

Arrière voussure conique.

Pl. 38.

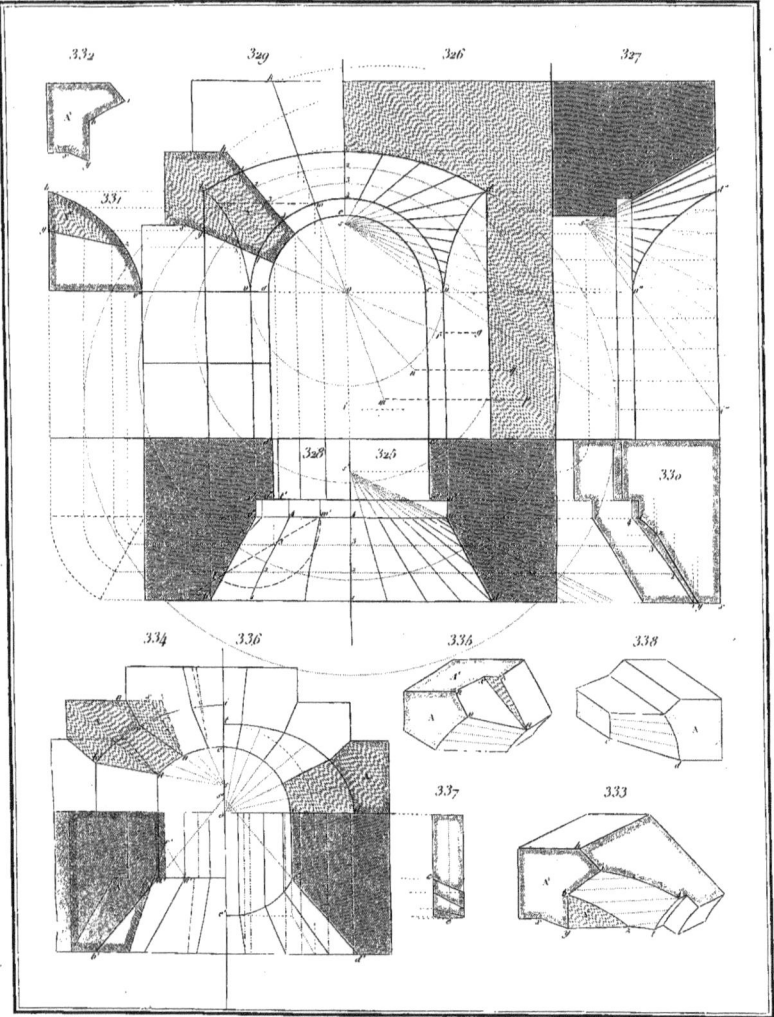

Voûtes sphériques.

Pl. 39.

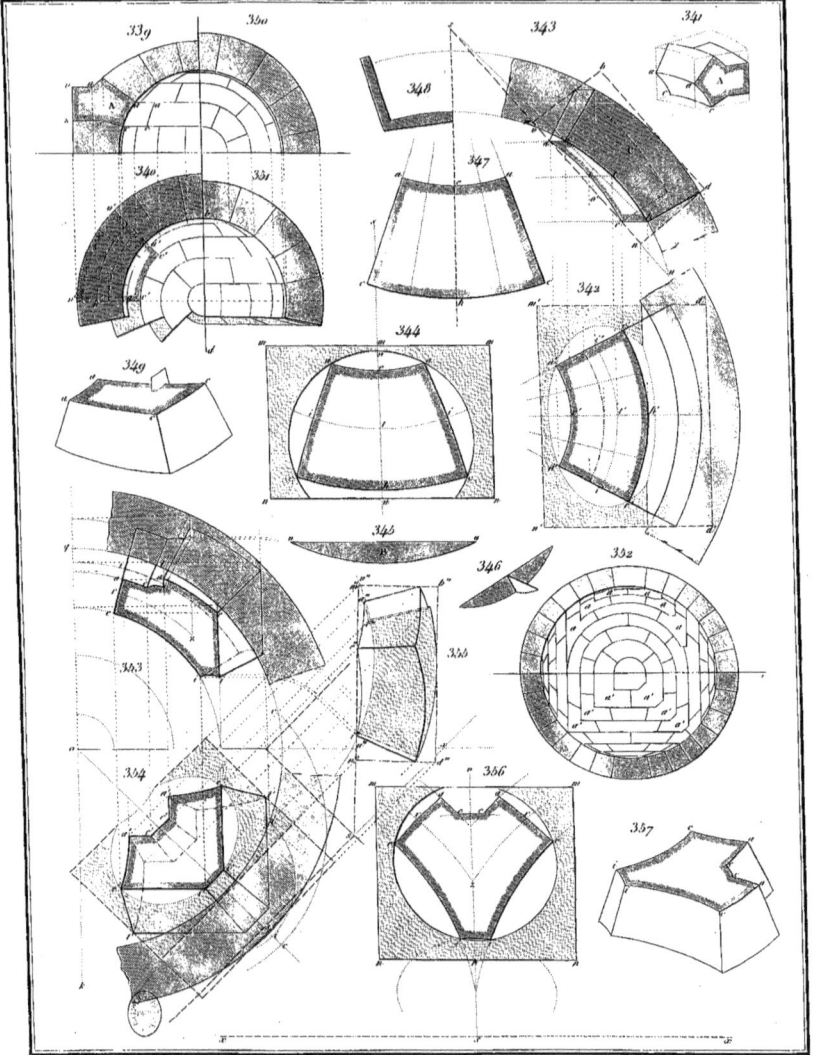

Pendentifs.

Pl. 40.

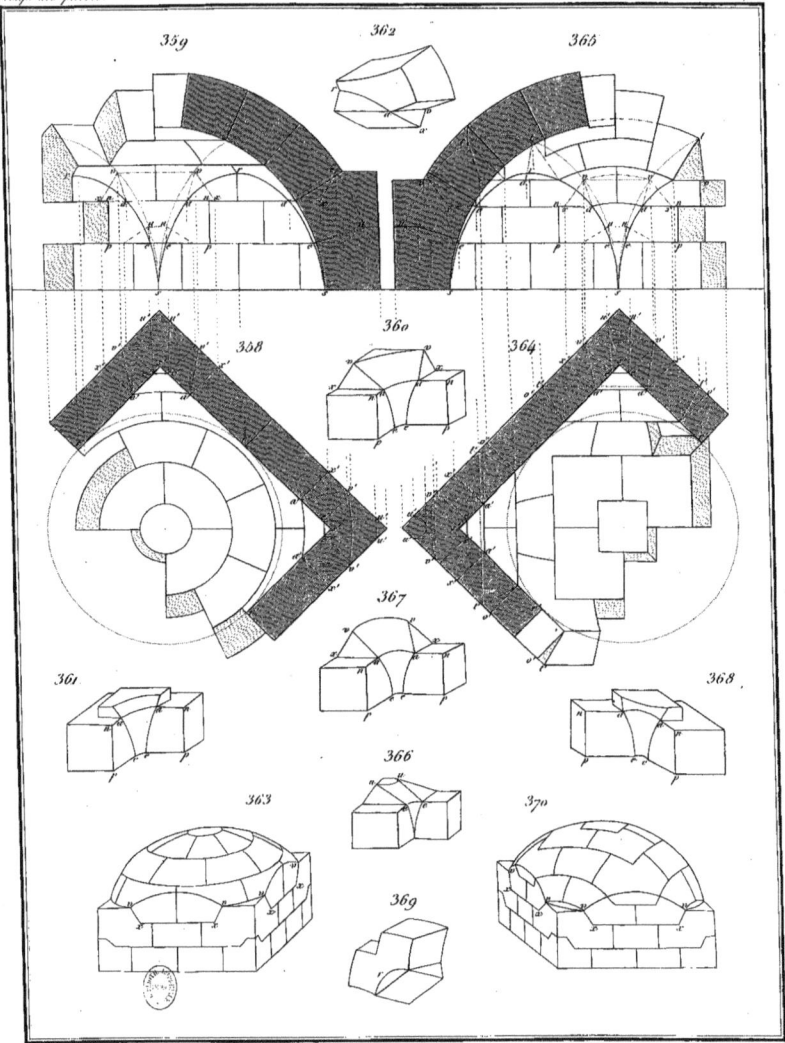

Pendentifs.

Pl. 41.

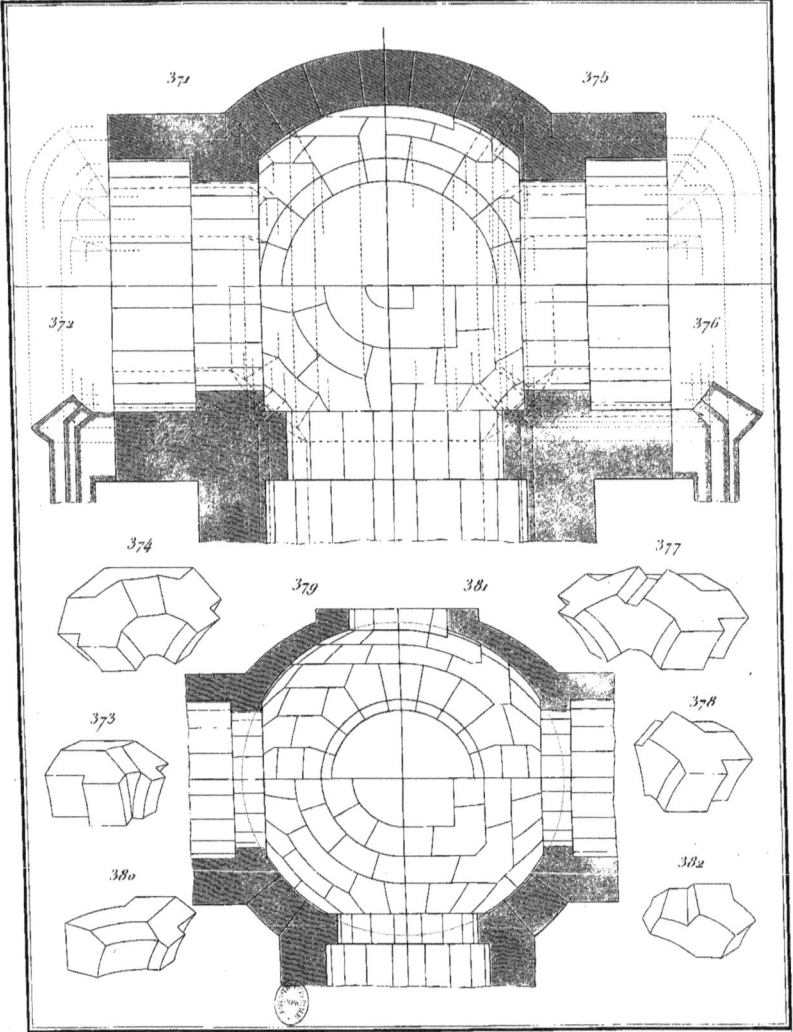

Pl. 42.

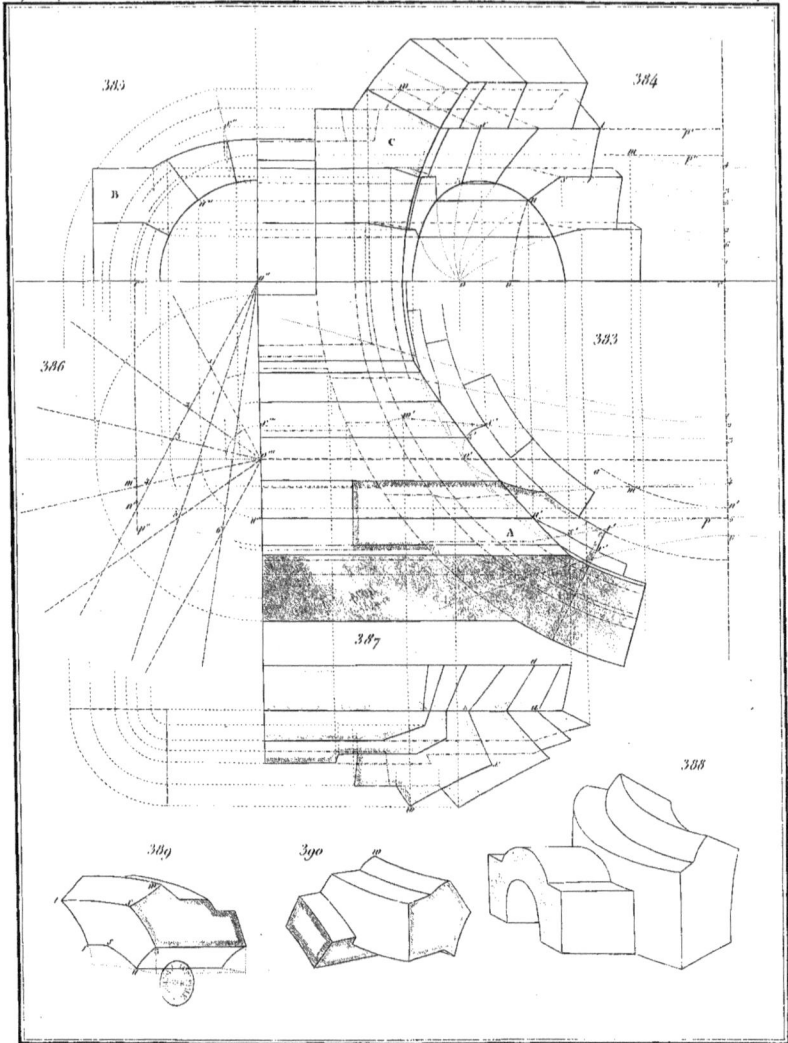

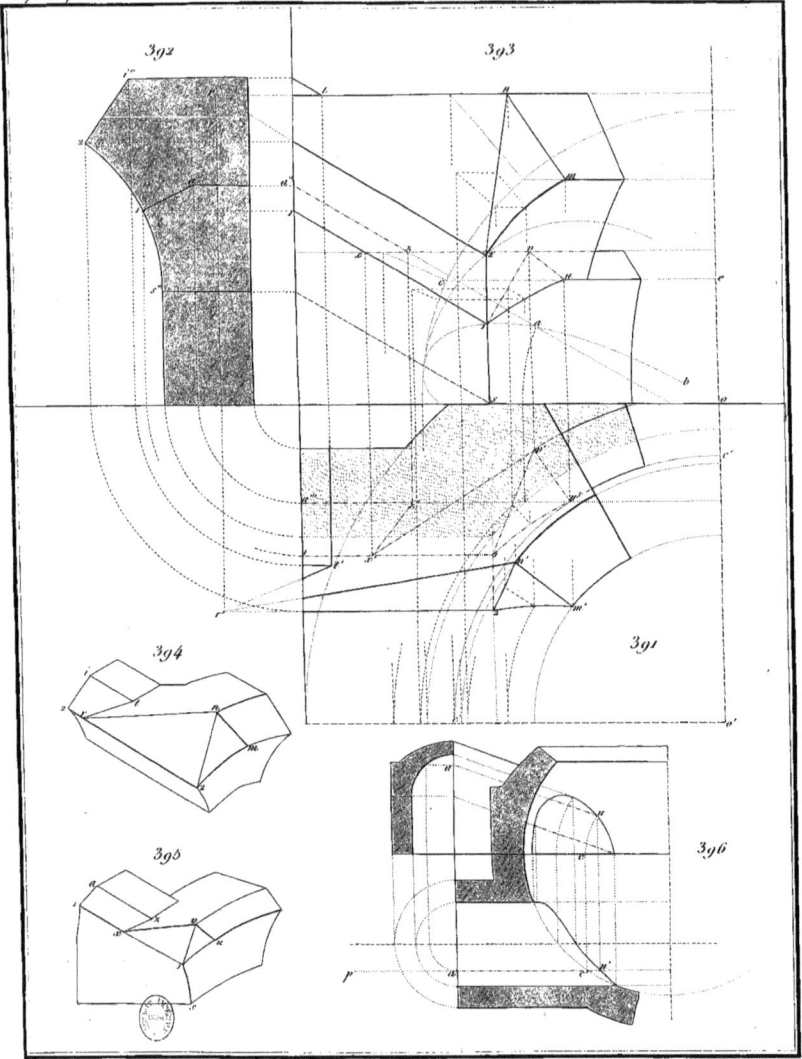

392

393

394

391

395

396

Questions diverses.

Pl. 44.

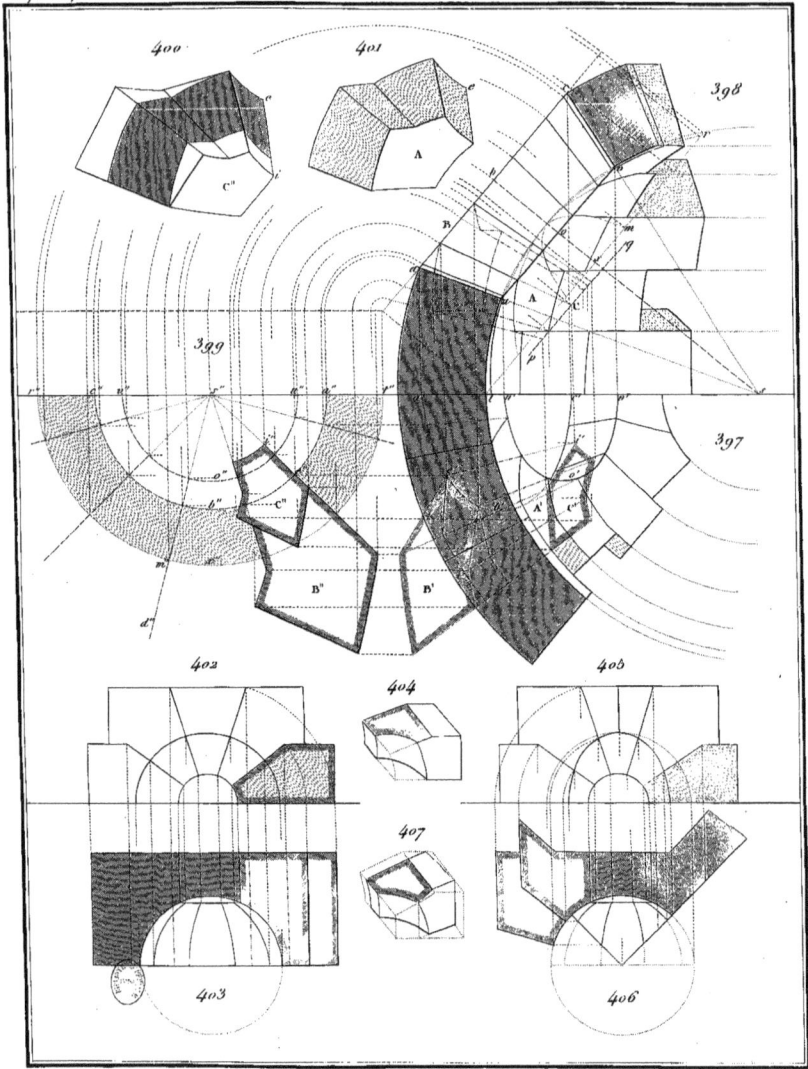

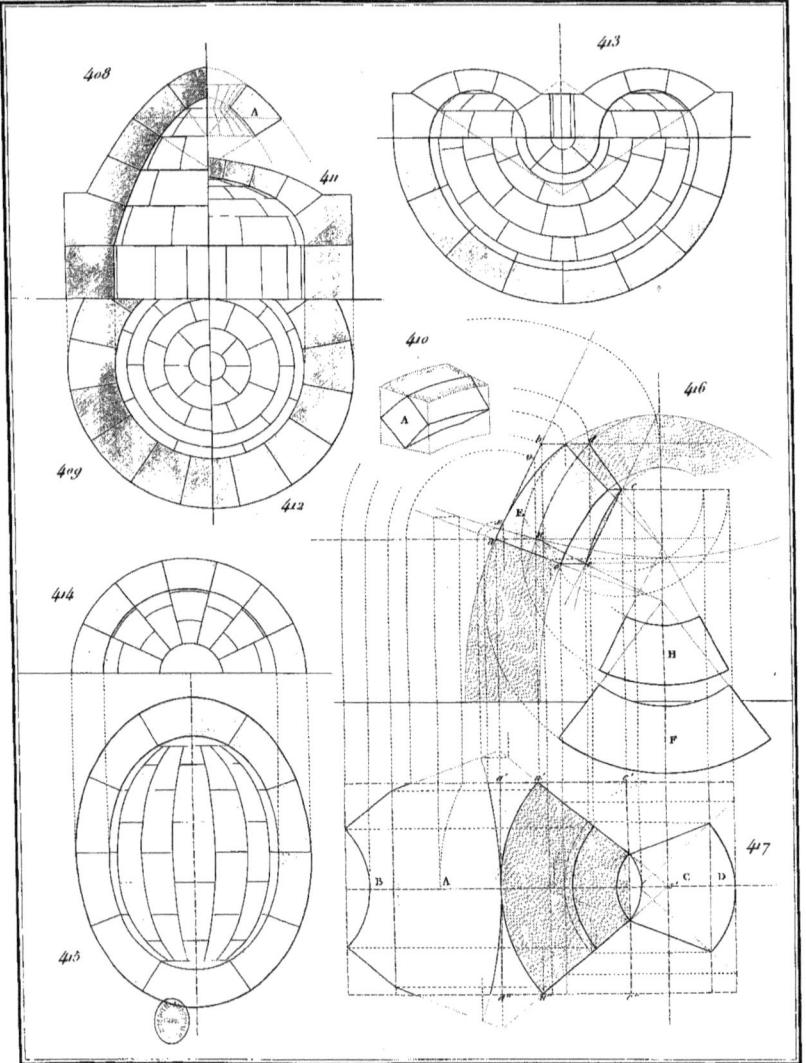

408

411

413

409

412

410

416

414

415

B   A

C   D

417

H

F

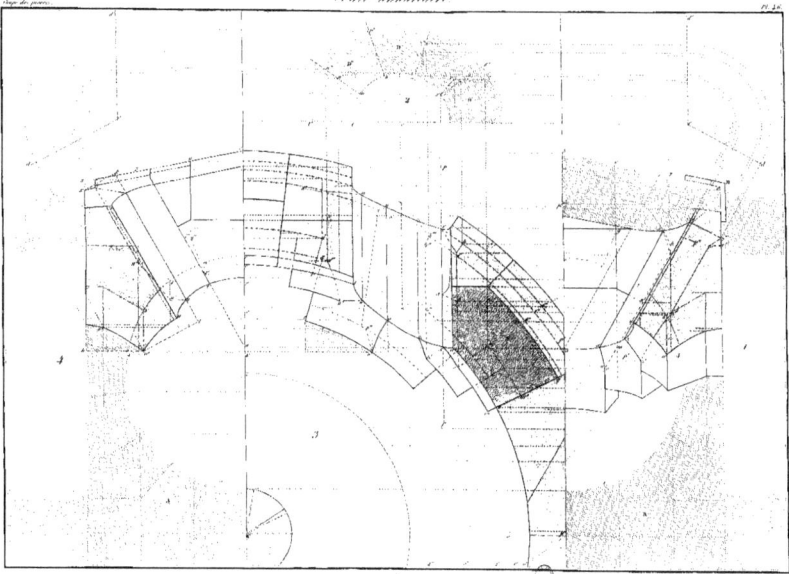

Voûte annulaire

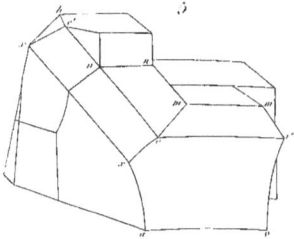

5

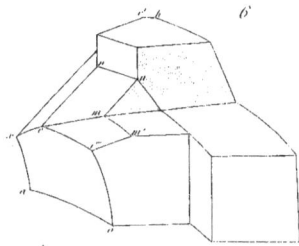

6

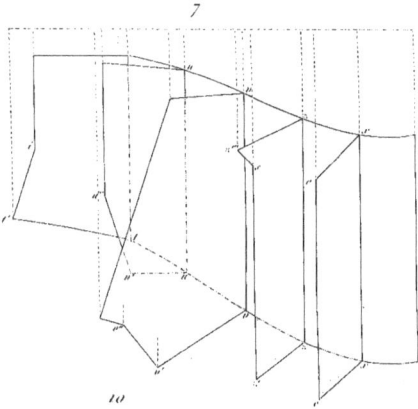

7

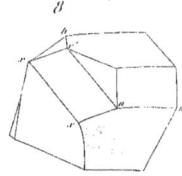

8

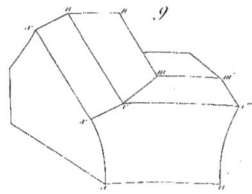

9

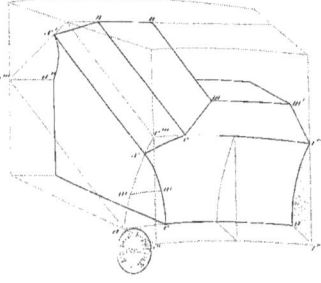

10

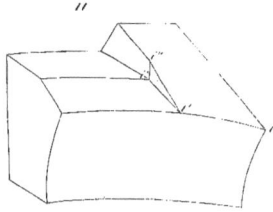

11

Pl. 48.

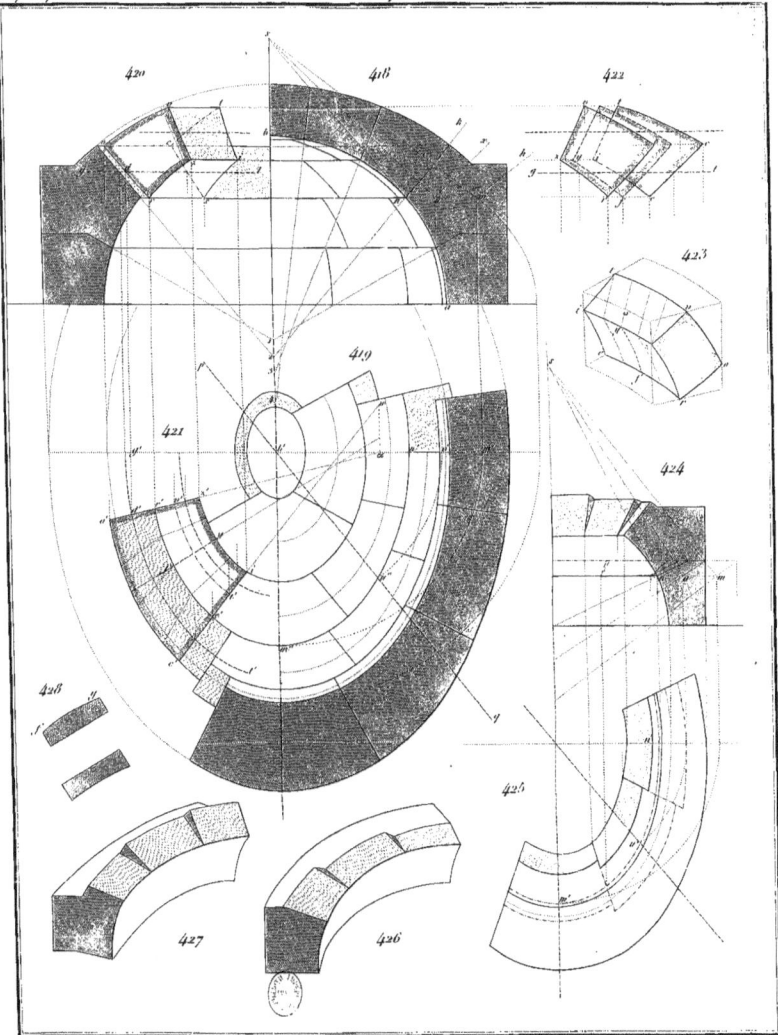

420

418

422

423

419

421

424

428

425

427

426

Joints de la Voûte Elliptique.

Pl. 49.

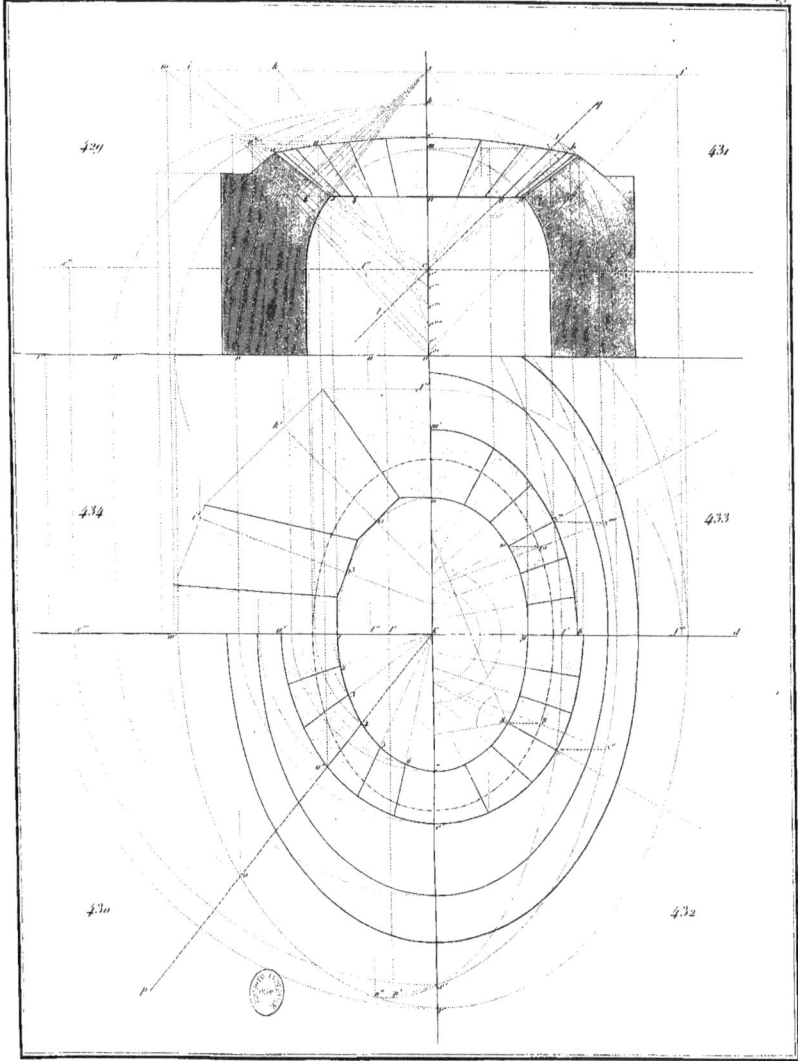

429

431

434

433

430

432

Ceneïdes.

Pl. 50.

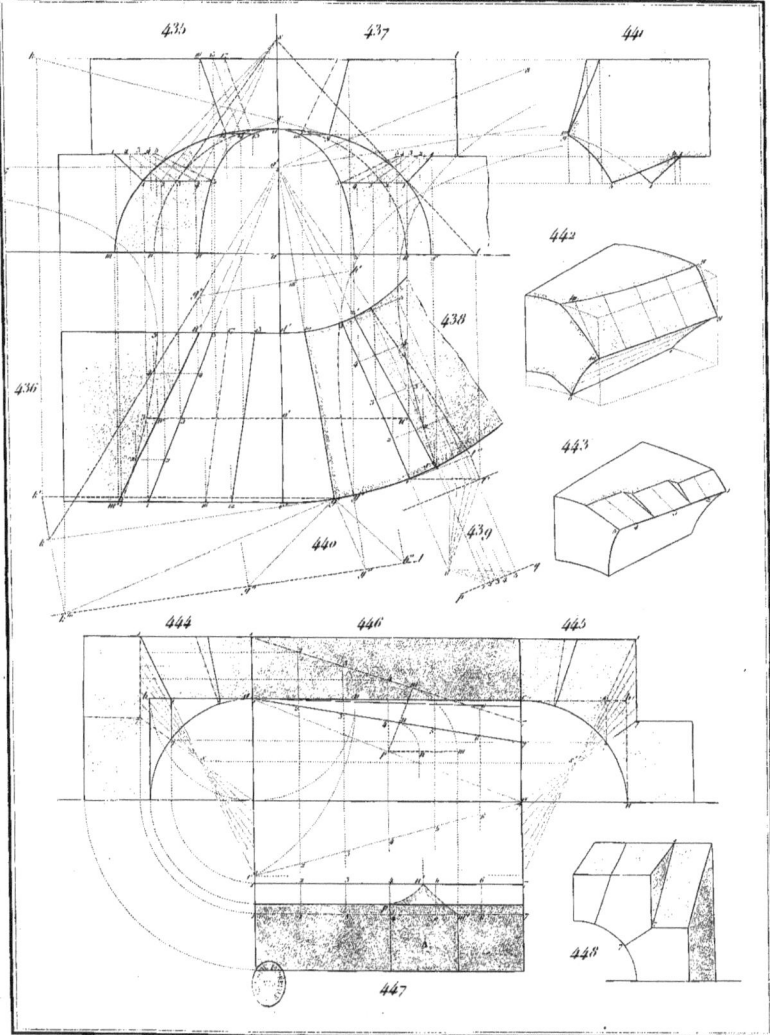

435

437

441

442

438

436

443

440

439

444

446

445

447

448

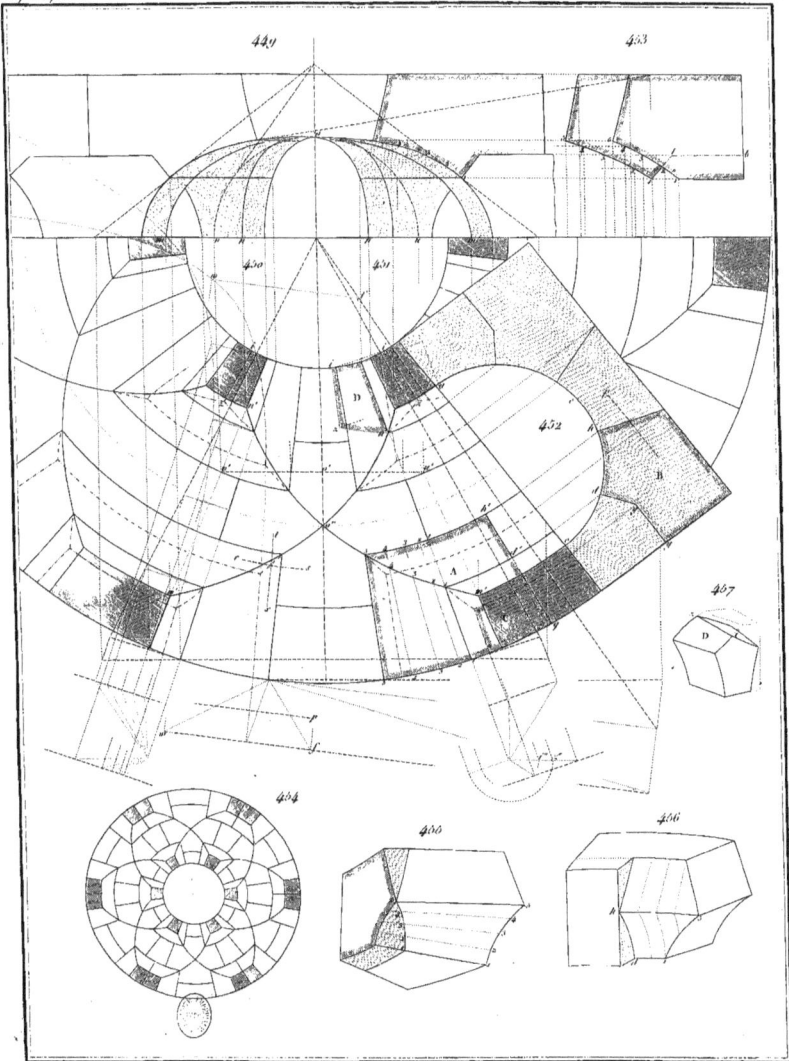

Vis à noyau plein.

Pl. 52.

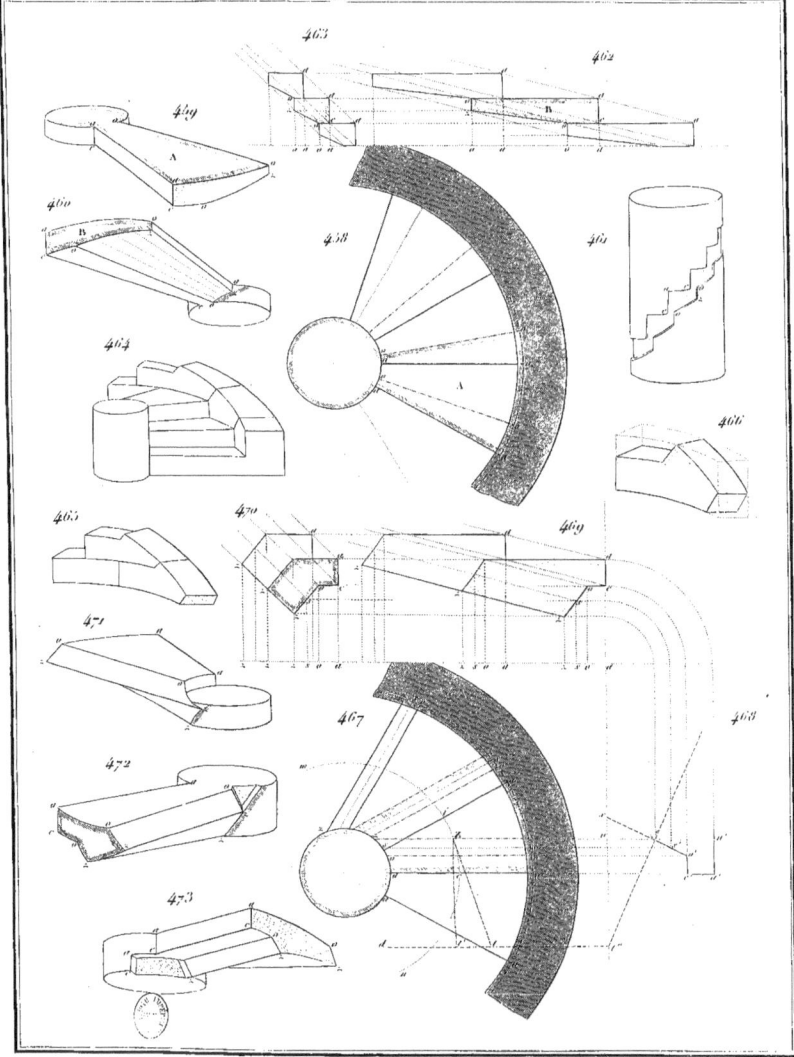

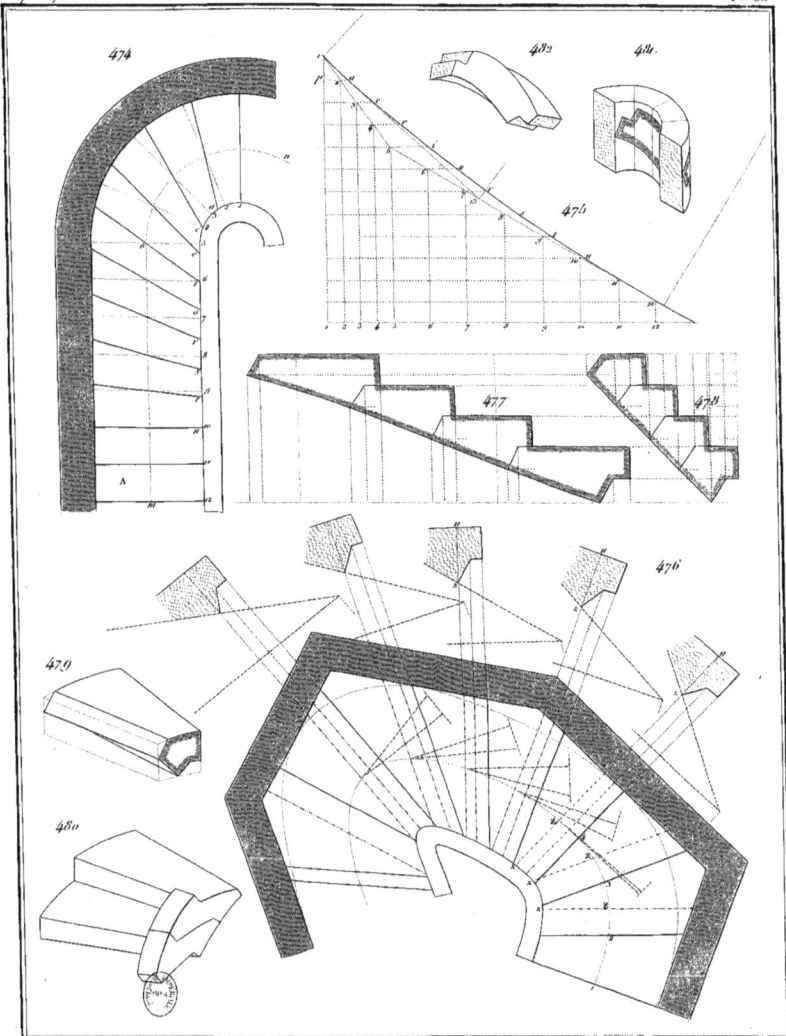

Balancement.

Pl. 58.

L'imon.

Pl. 54.

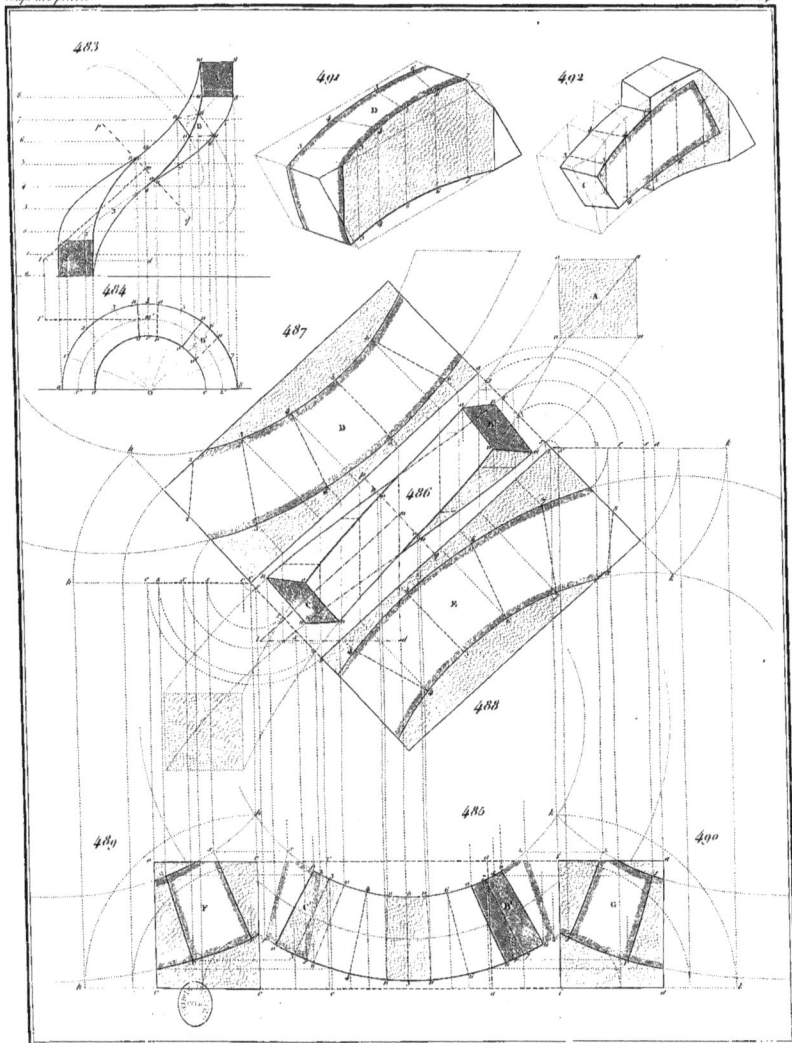

L'imou.

Pl. 55.

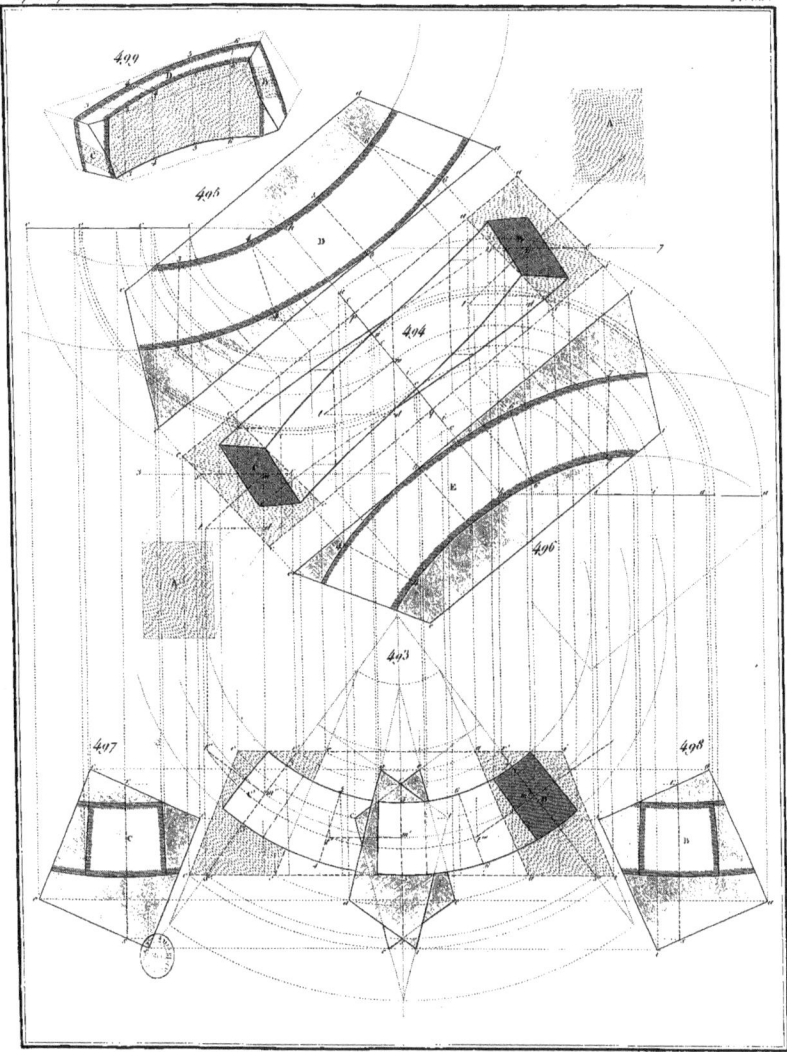

Pl. 56.

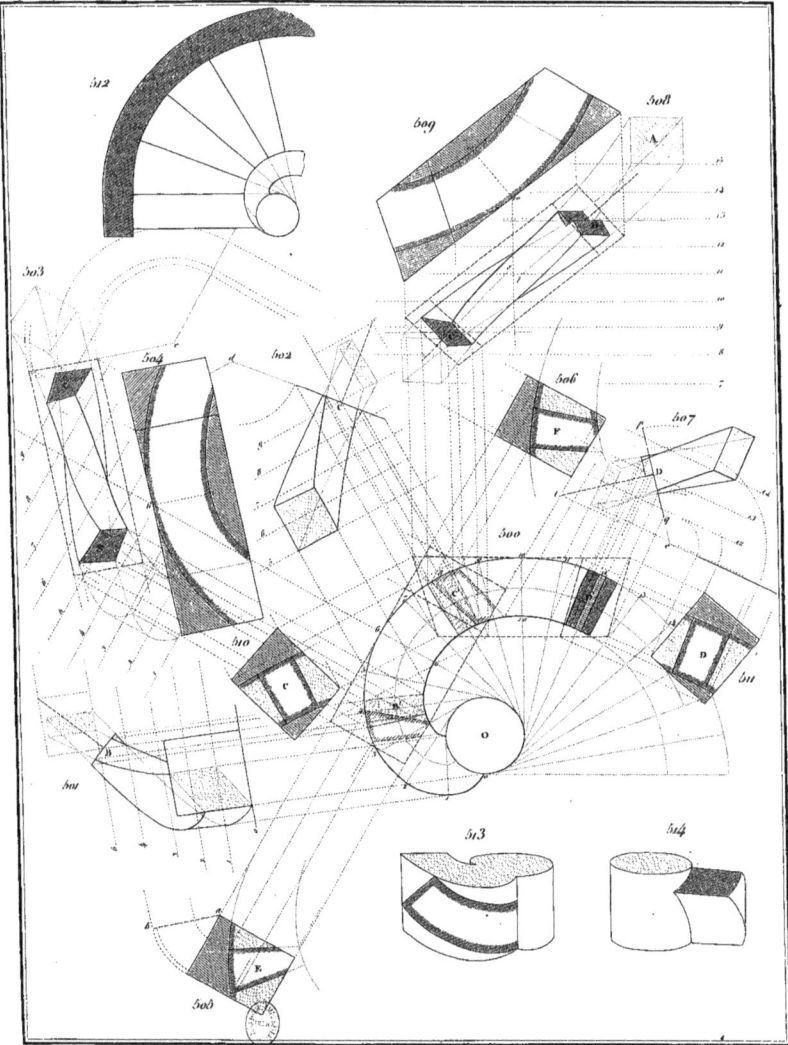

Pl. 57.

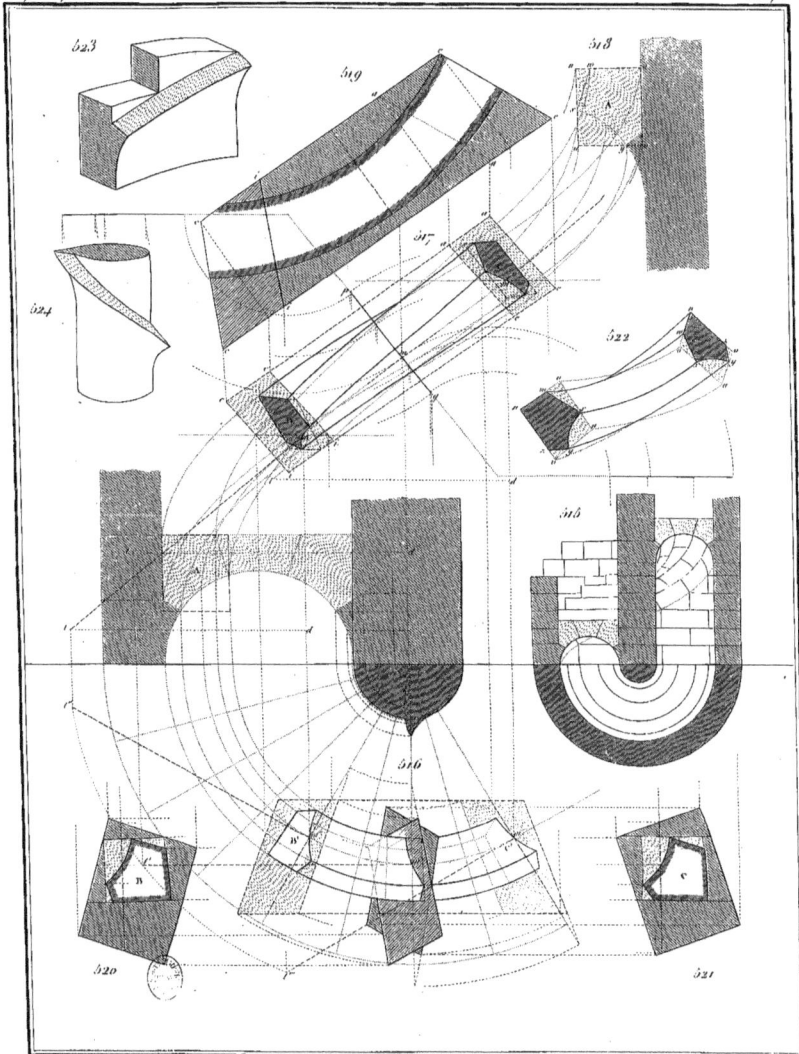

523

519

518

524

517

522

516

515

516

520

521

Pl. 56.

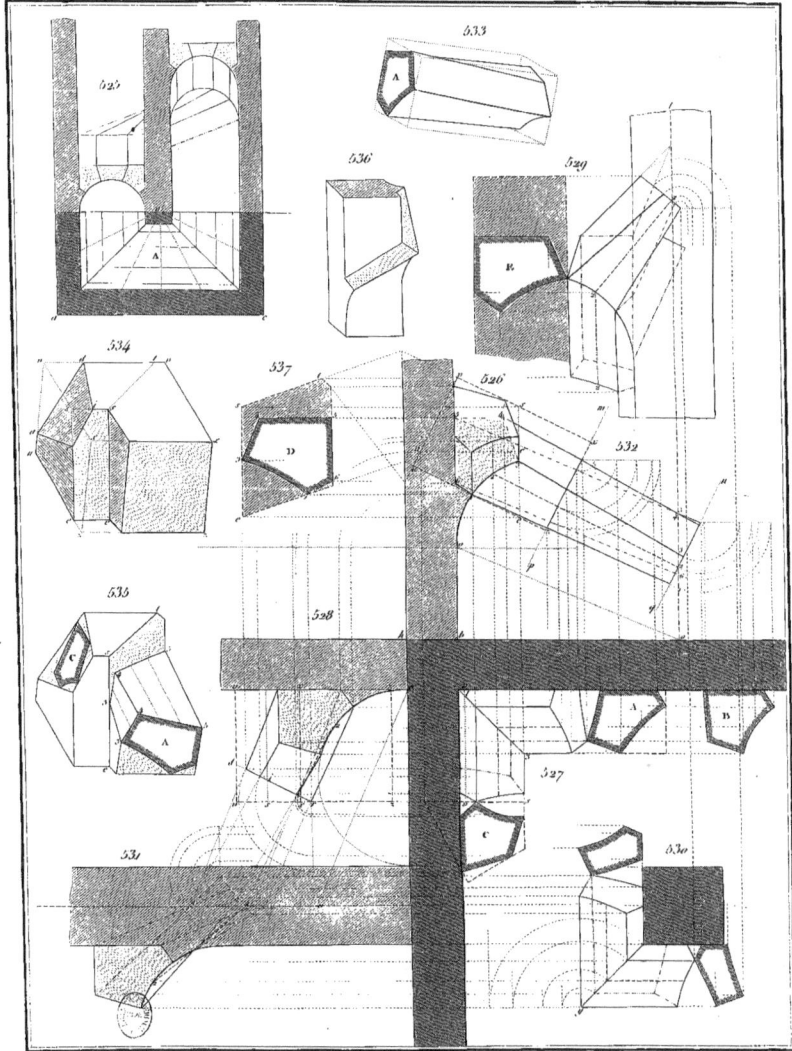

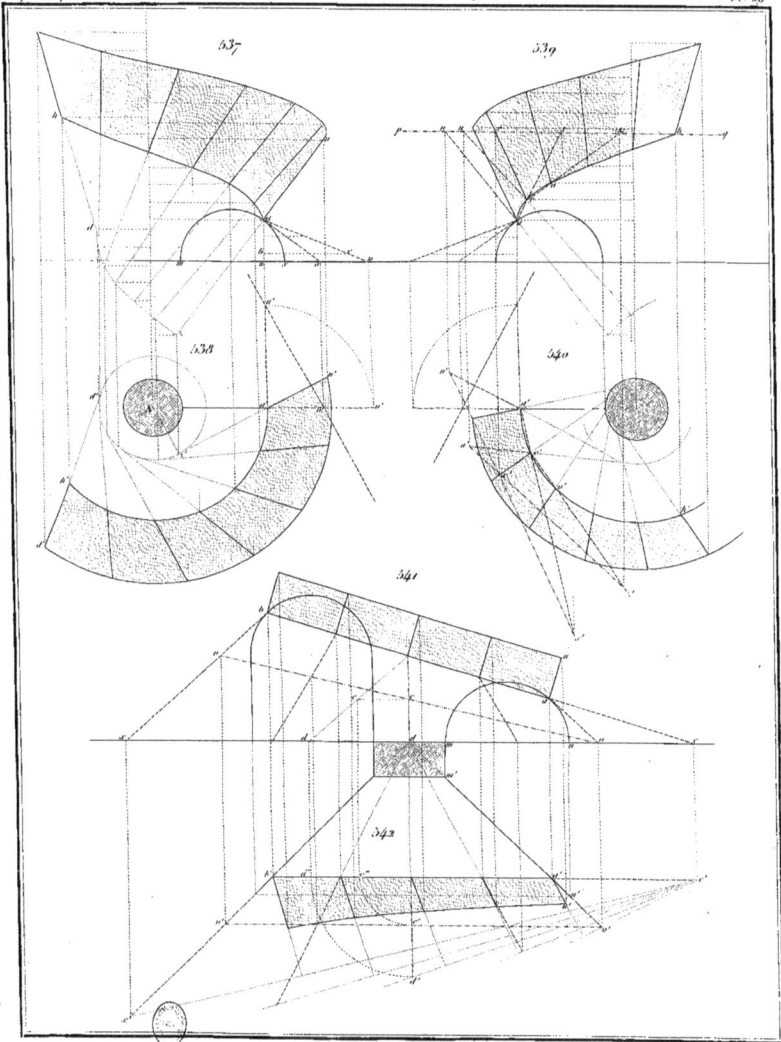

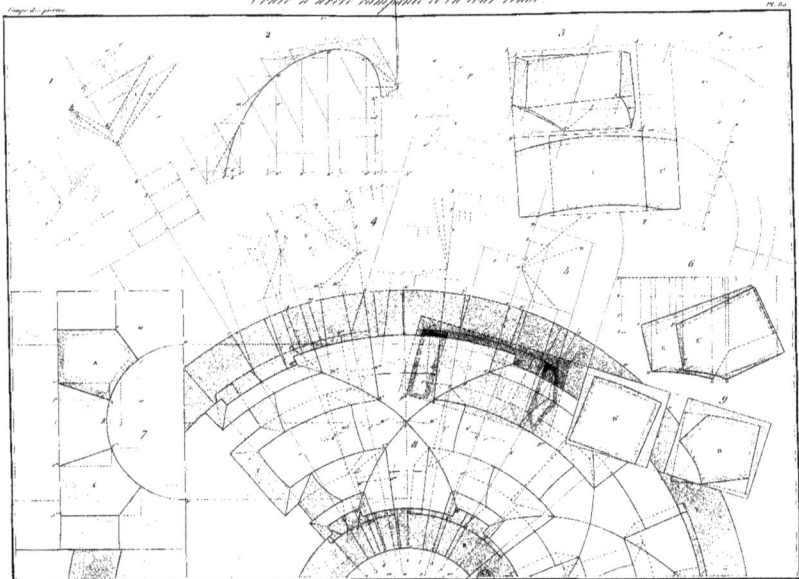

Voûte d'arête.

Pl. 61.

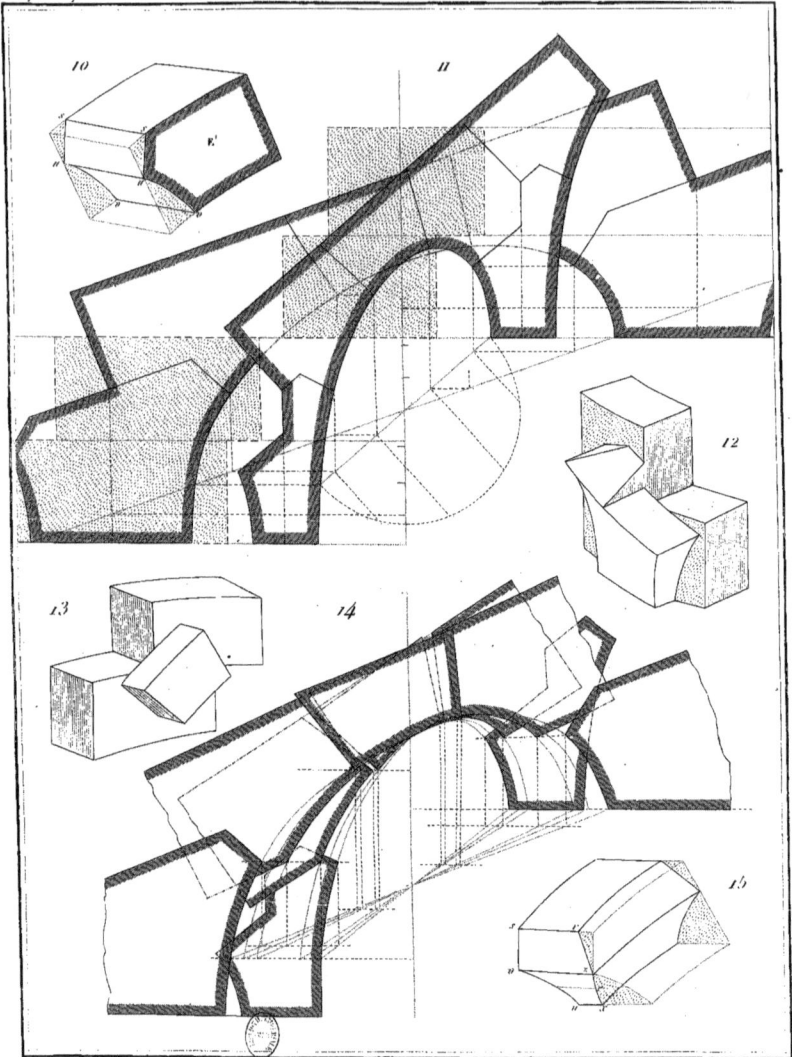

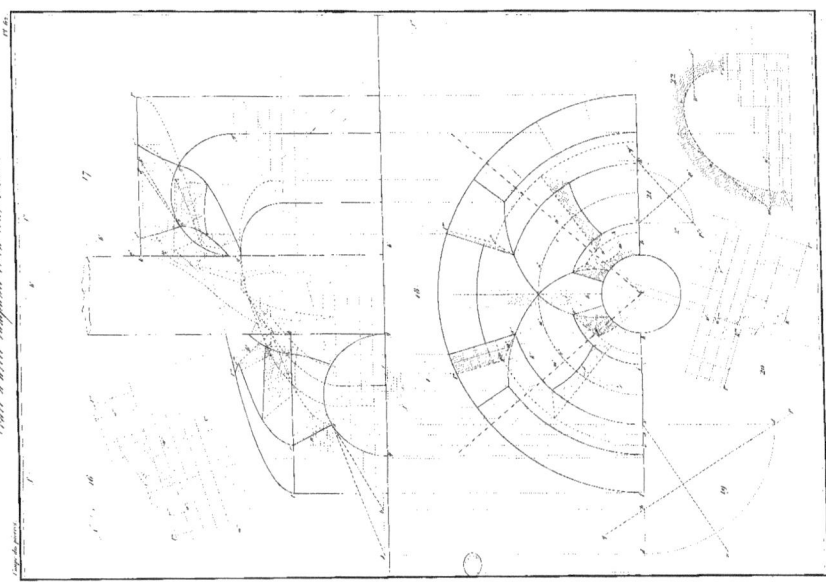

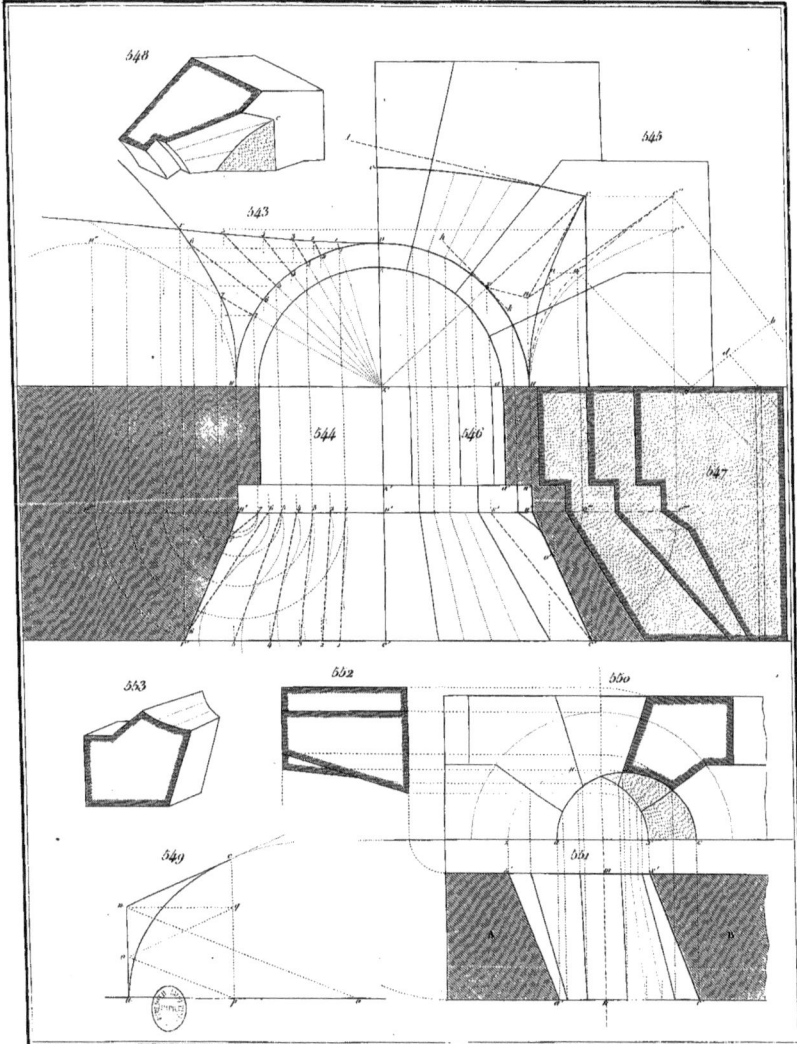

555

556

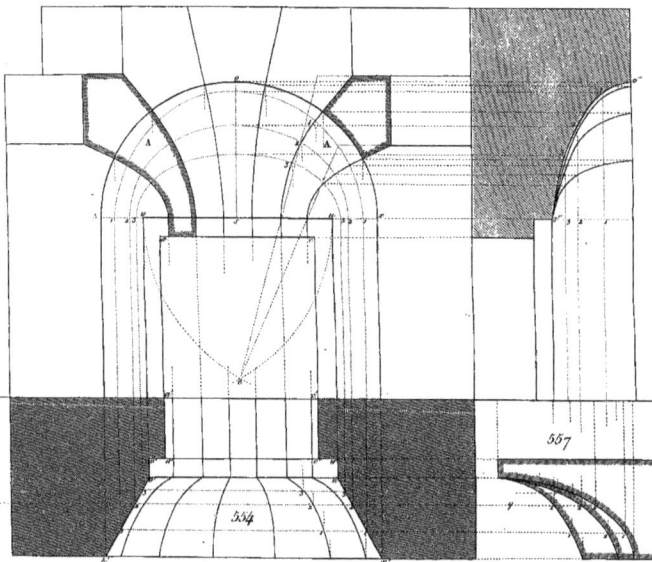

554

557

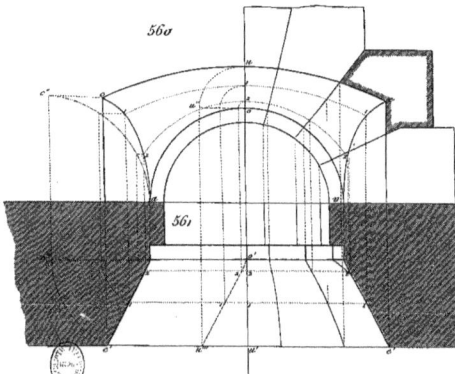

560

558

561

559

Voûte elliptique à trois axes.

Pl. 65.

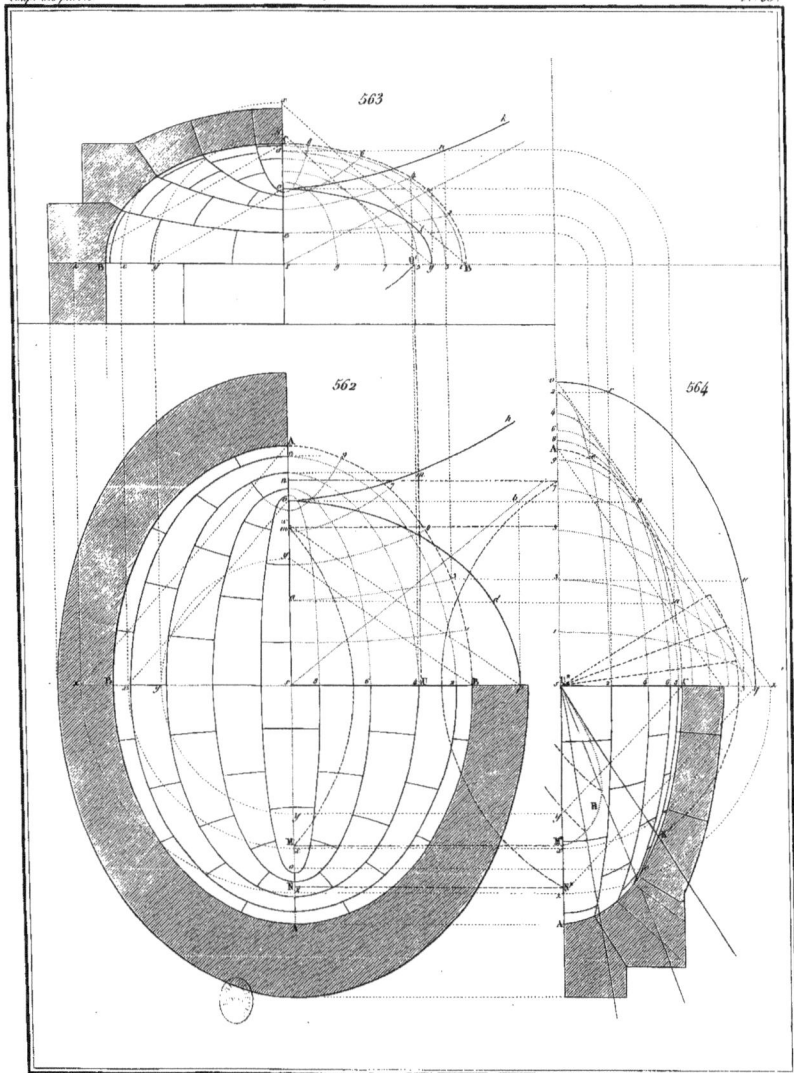

563

562

564

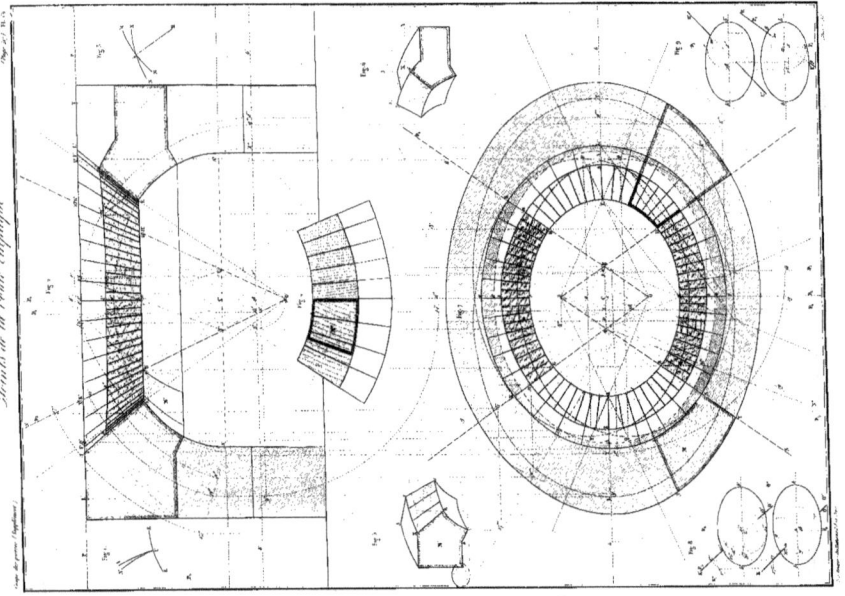

Traité de la voûte elliptique

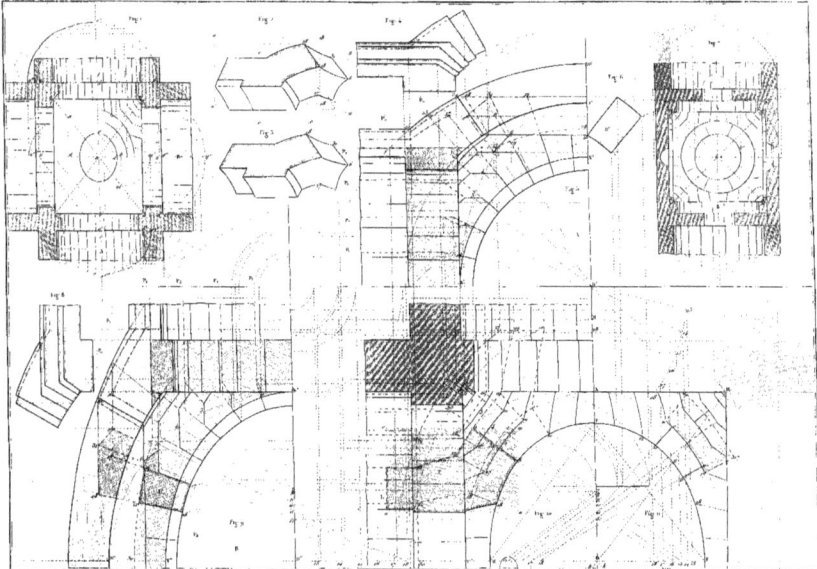

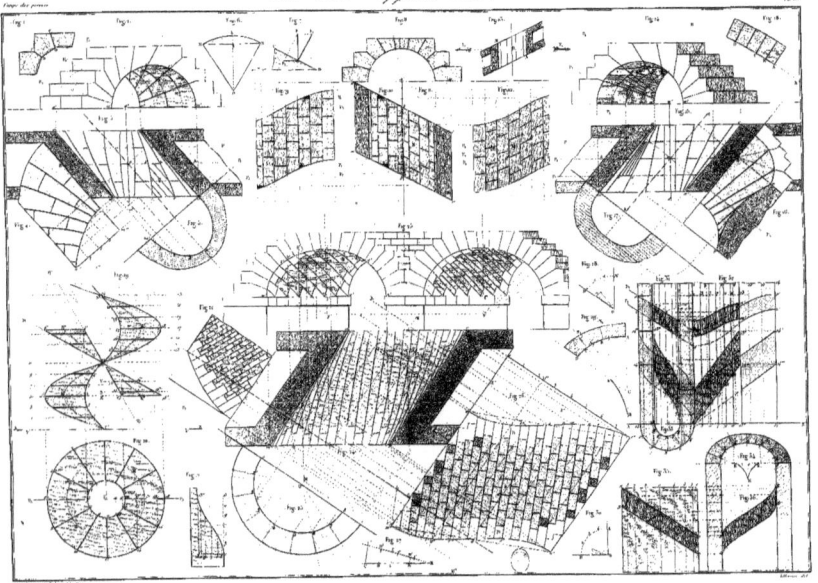

Pl. 60

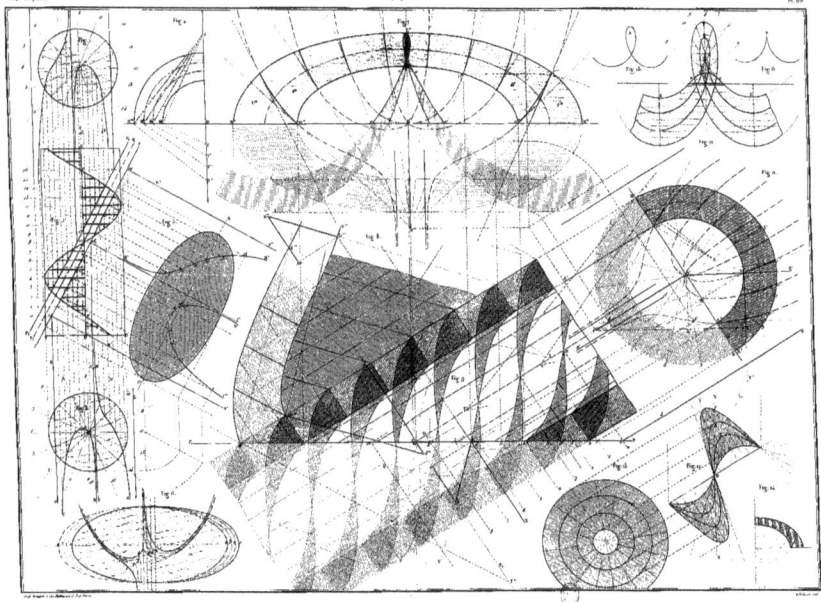

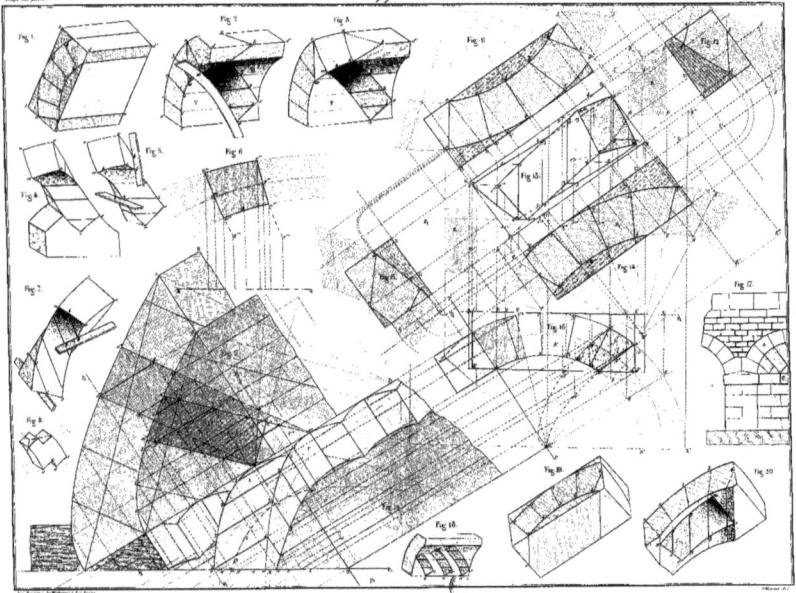

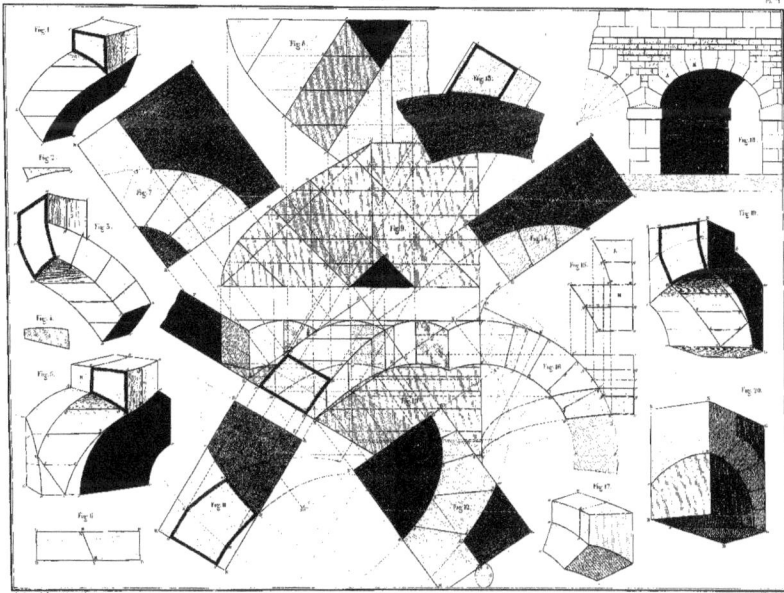

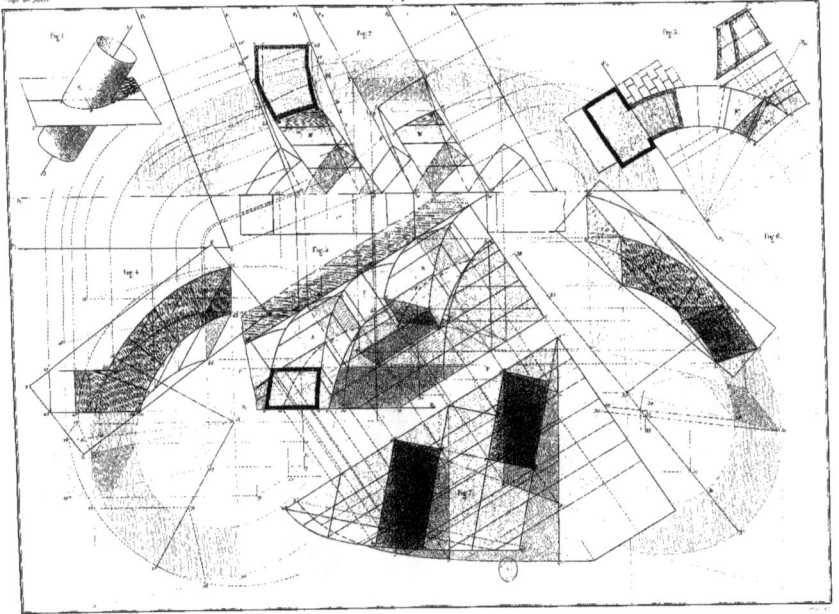

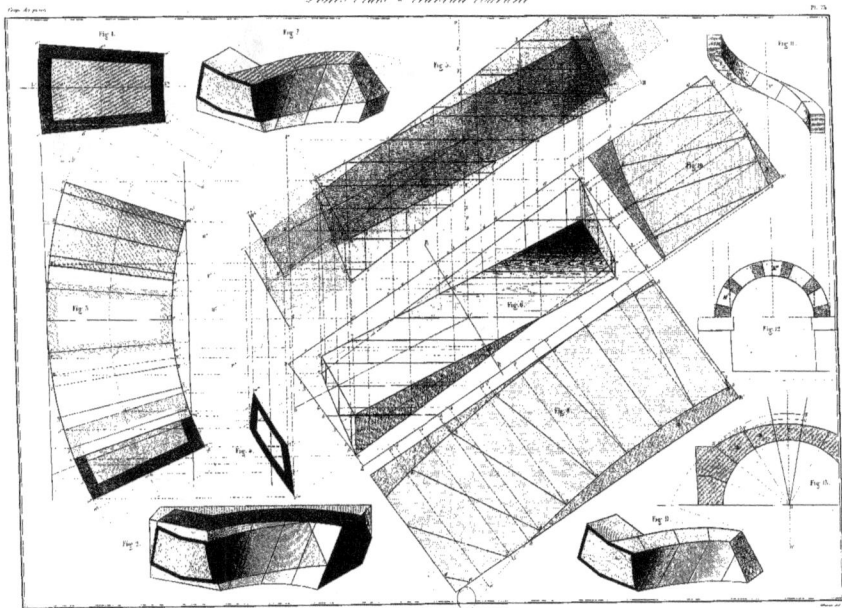

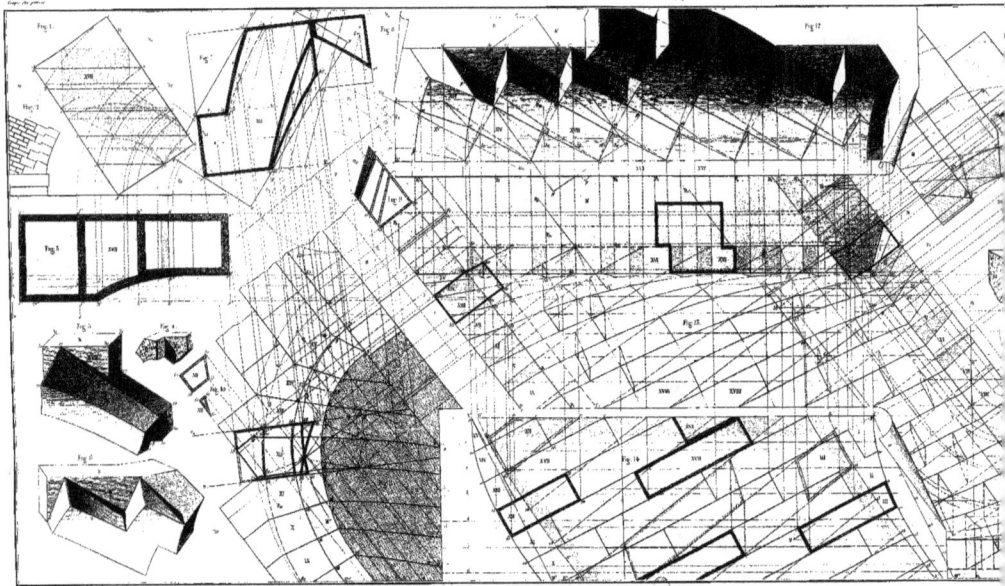

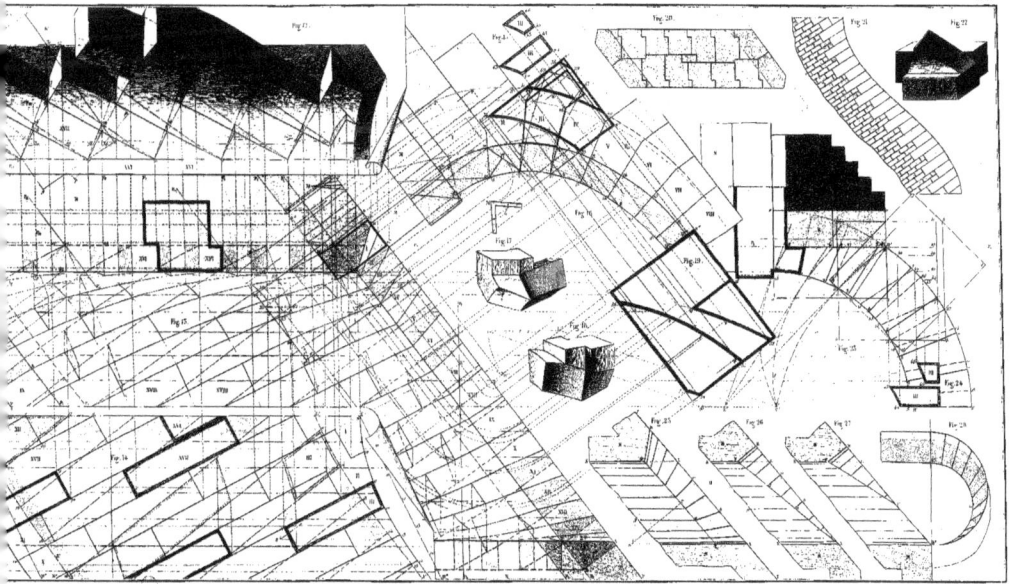

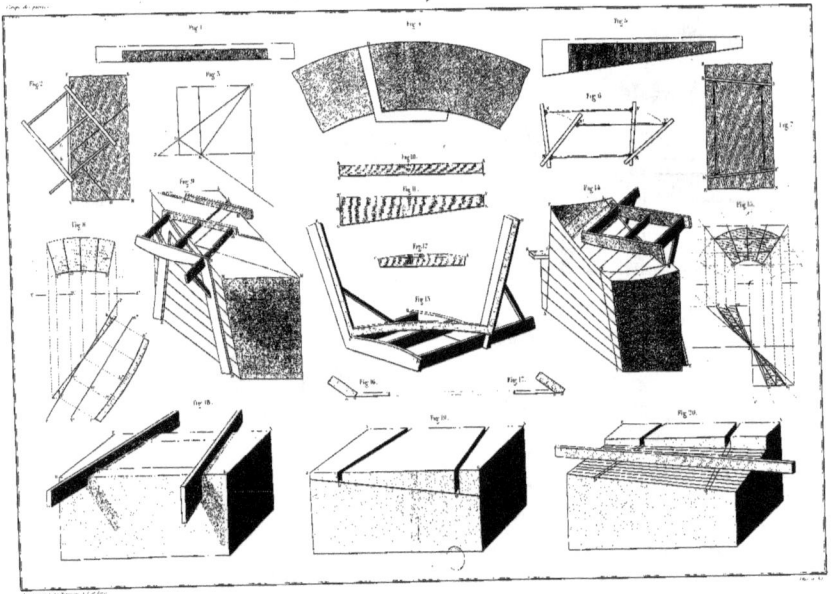

Ponts biais - taillé par Bureau

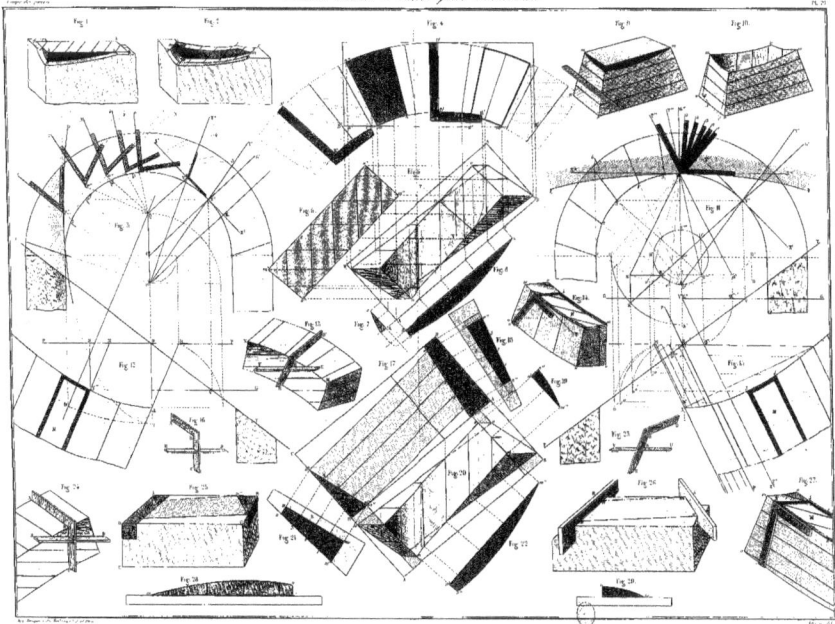

Ponts biais - Berceau circulaire - Joints normaux

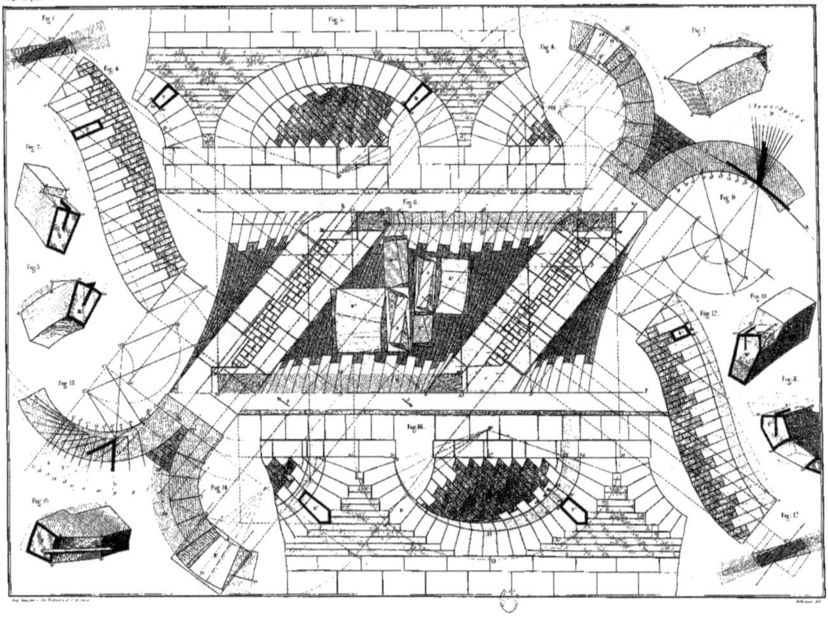

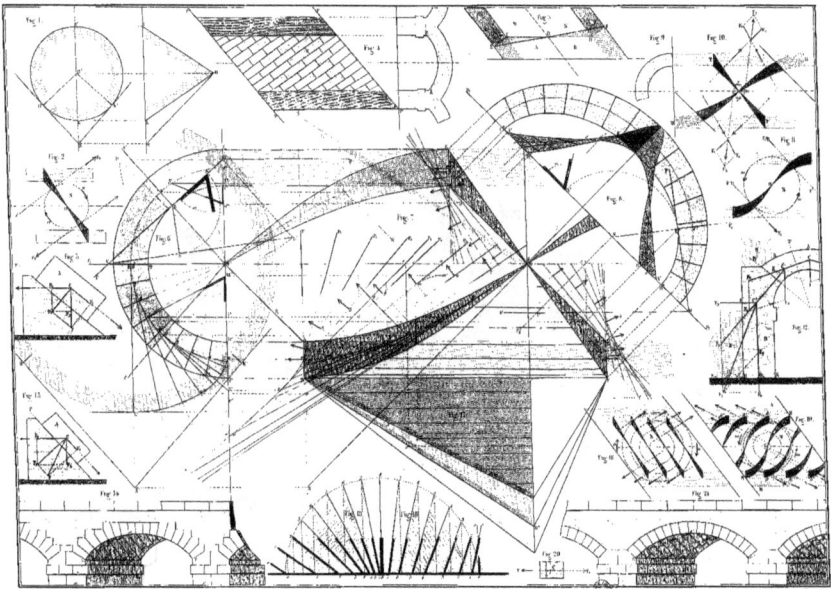

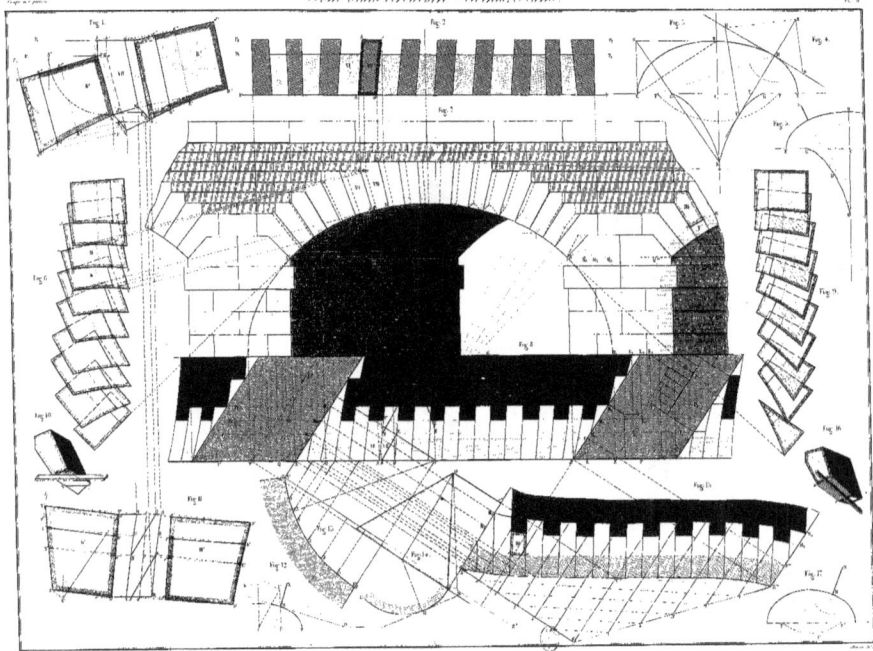

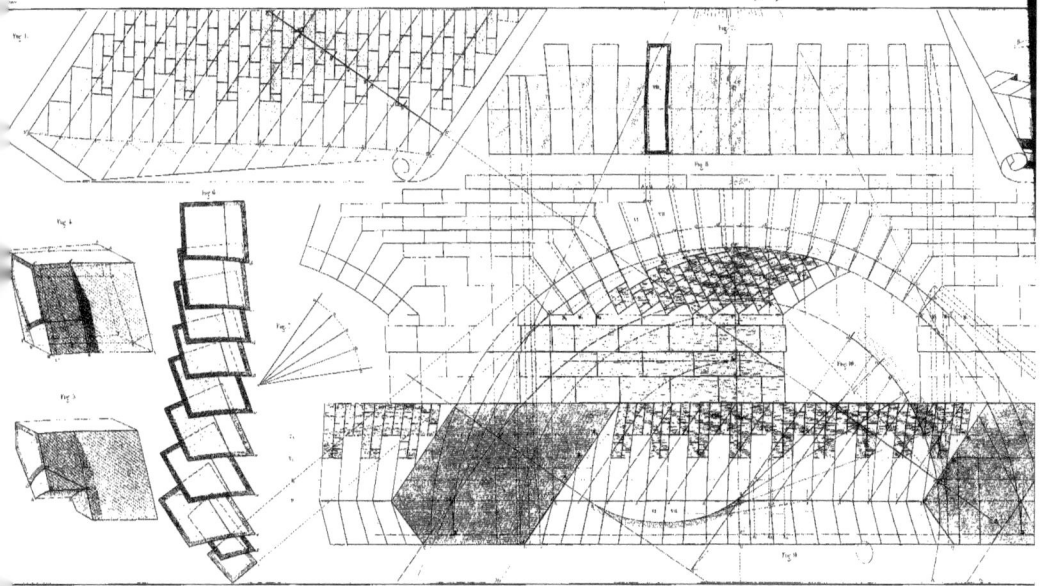

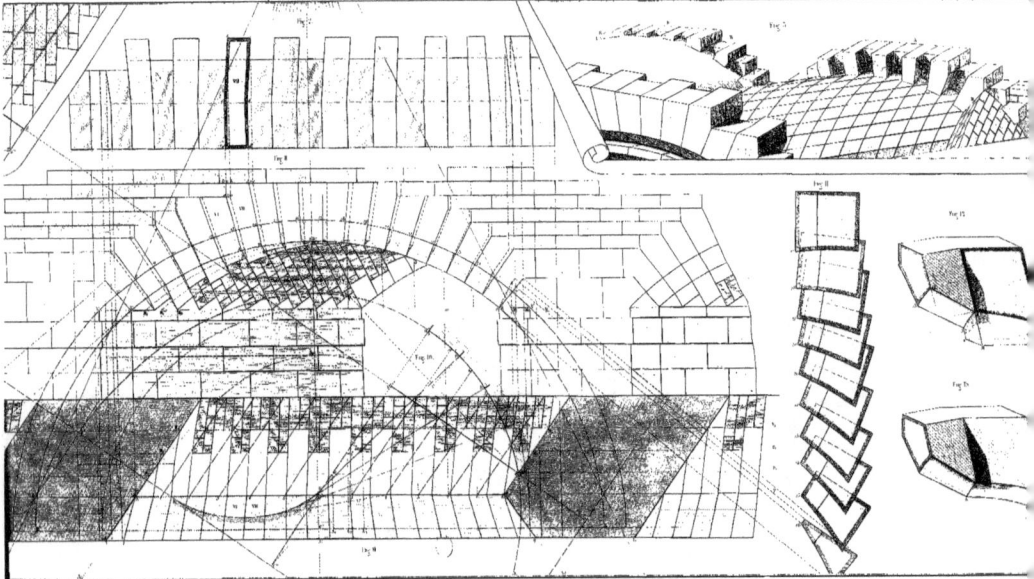

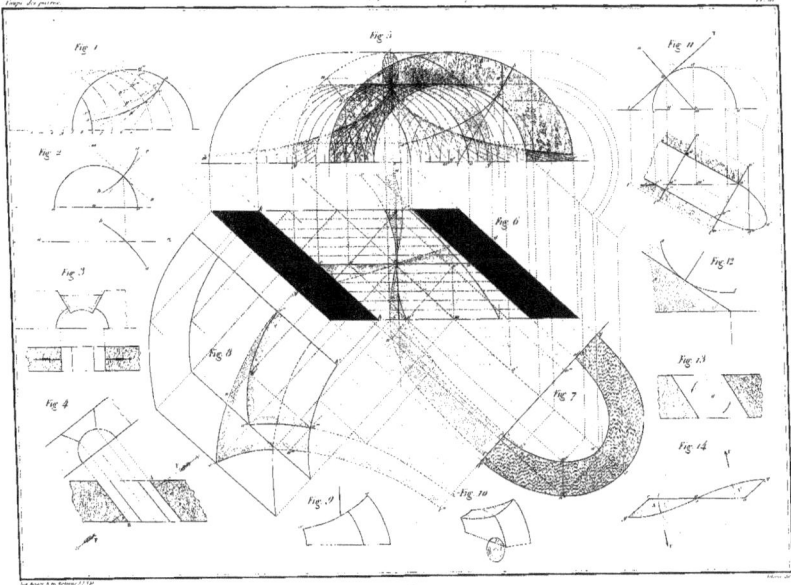

Fig. 1

Fig. 2

Fig. 3

Fig. 4

Fig. 5

Fig. 6

Fig. 7

Fig. 8

Fig. 9

Fig. 10

Fig. 11

Fig. 12

Fig. 13

Fig. 14

Pl. 87

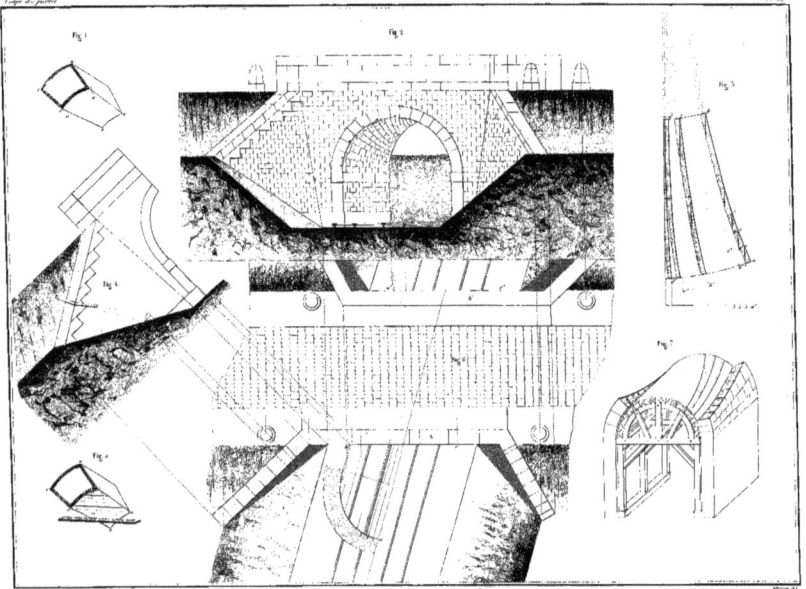

Fig. 1

Fig. 2

Fig. 3

Fig. 4

Fig. 5

Fig. 6

Fig. 7

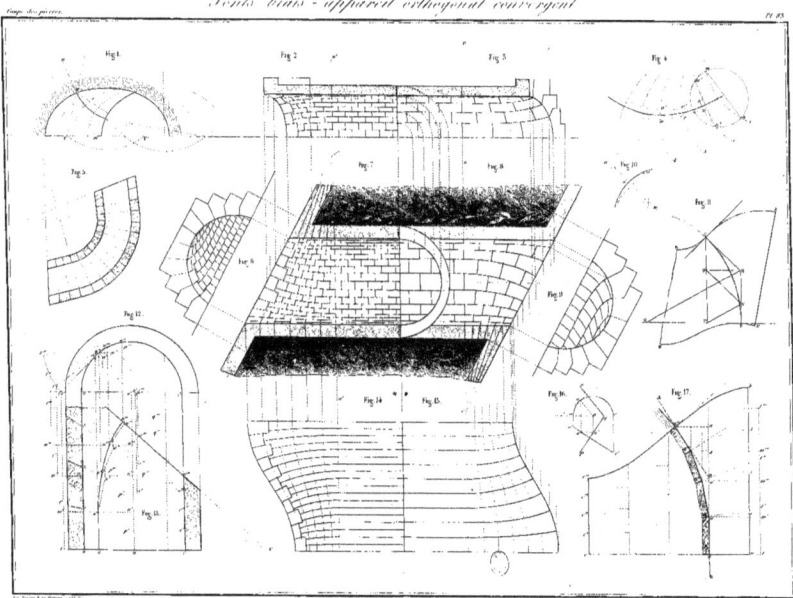

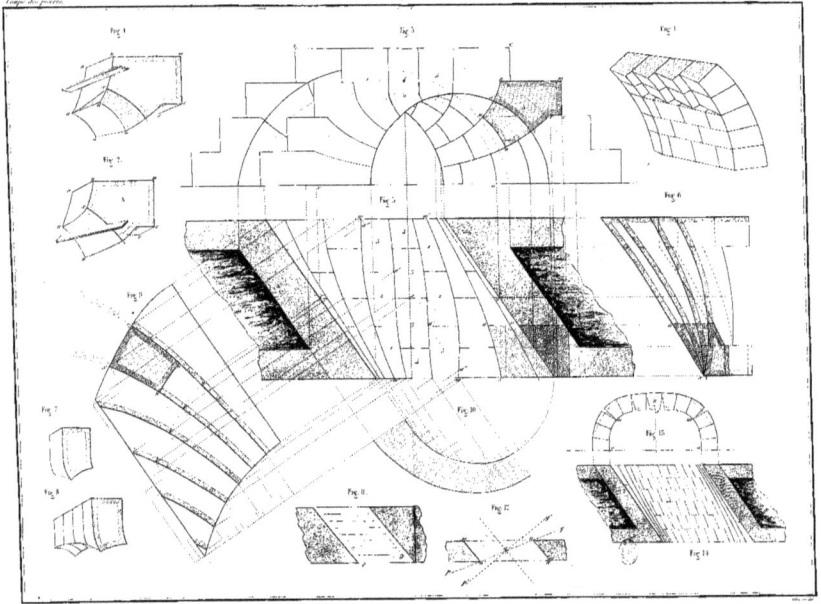

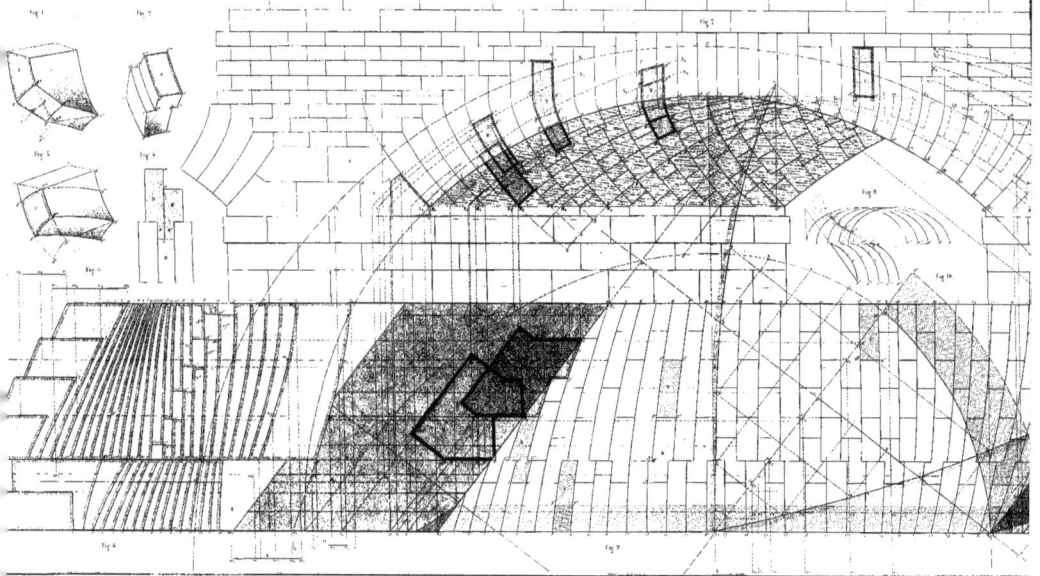

Ponts biais — appareil orthogonal — Joints cylindriques

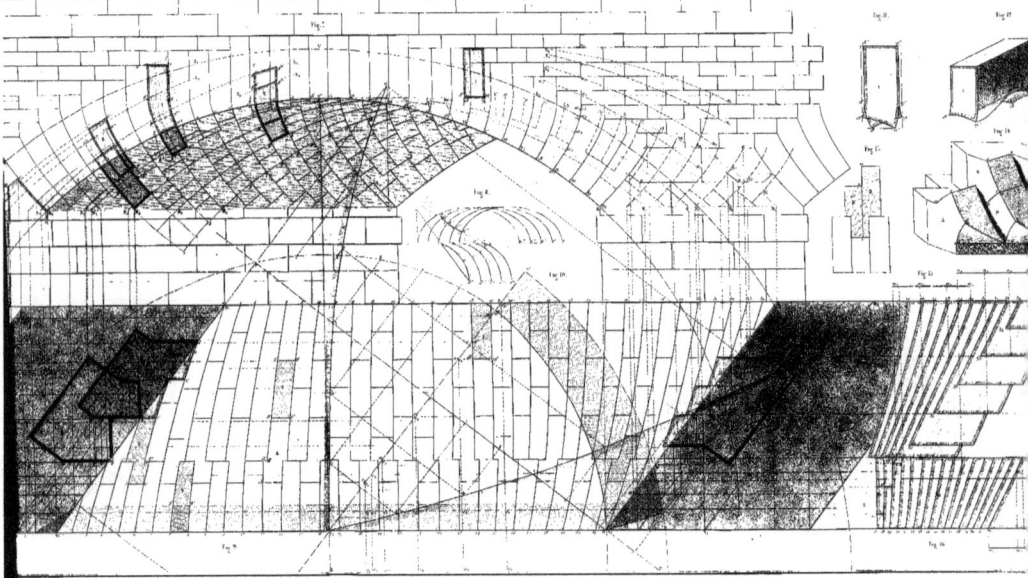

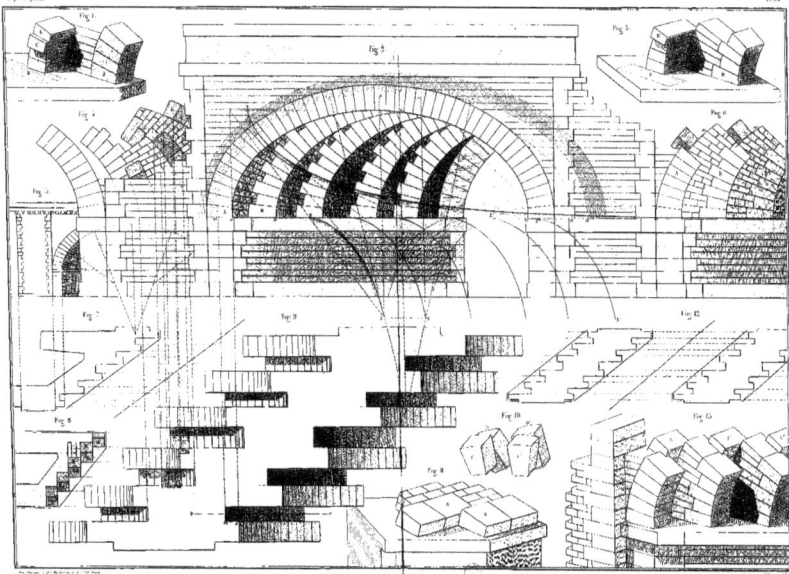

www.ingramcontent.com/pod-product-compliance
Lightning Source LLC
Chambersburg PA
CBHW072122090426
42739CB00012B/3039